THE COMPLETE LEATHER CRAFT TECHNIQUE BOOK

皮艺技法全书

完整版

日本 STUDIO TAC CREATIVE 编辑部 编

刘好殊 译

vol.

中原农民出版社

· 郑州 ·

CONTENTS / 目 录

无垠的皮革工艺世界

探索"My 作品"之道

皮革工艺的魅力就在于用自己的双手做出自己想要的东西。在制作过程中，每位制作者皆需逐步地增加作品的难度，慢慢地补足工具，一点一点地提升自己的技术。皮革工艺的技法众多，如平面缝合、立体缝合以及染色与雕刻等。循序渐进地熟习这些技法之后，再经过自己的消化整理，便能孕育出专属自己的原创作品。另外，掌握了各类工具的特性，并发挥其最大的功效，即可使作品的细微部分都传达出制作者的坚持与用心。借由制作作品慢慢地找出专属自己的工具使用方法、专属自己的技法组合方式，正是皮革工艺技法之醍醐！

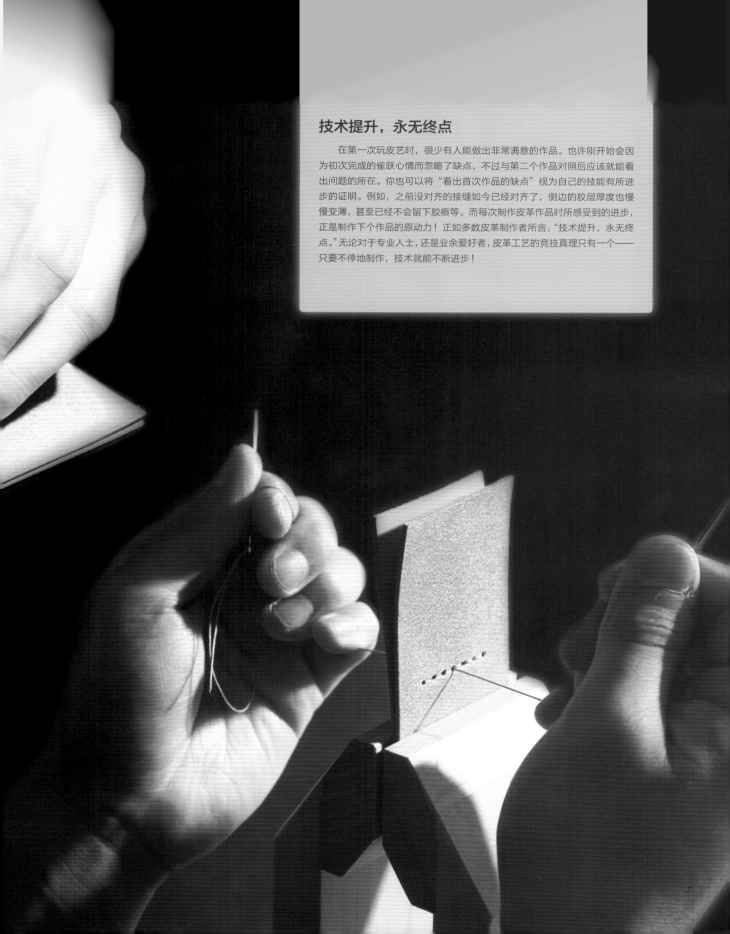

技术提升，永无终点

在第一次玩皮艺时，很少有人能做出非常满意的作品。也许刚开始会因为初次完成的雀跃心情而忽略了缺点，不过与第二个作品对照后应该就能看出问题的所在。你也可以将"看出首次作品的缺点"视为自己的技能有所进步的证明。例如，之前没对齐的接缝如今已经对齐了，侧边的胶层厚度也慢慢变薄，甚至已经不会留下胶痕等。而每次制作皮革作品时所感受到的进步，正是制作下个作品的原动力！正如多数皮革制作者所言："技术提升，永无终点。"无论对于专业人士，还是业余爱好者，皮革工艺的竞技真理只有一个——只要不停地制作，技术就能不断进步！

制作自己想要的东西之喜悦

　　每个人都有想拥有大众化常用物品的欲望，相反也有想拥有与众不同的物品的欲望。在皮革工艺里，每个人最初也都是先使用某个人的纸型，或是按照材料包的说明按部就班地制作，但渐渐便会产生想制作专属自己的原创作品的欲望，而不再满足于材料包或使用他人的纸型。其实只要慢慢地增进自己的技术，自然而然地便会设计单品。只要不断地累积经验，这些经验便会成为创造新物品的力量！当然，要制作出能够售卖的皮件需要经过相当漫长的一段时间，但是在学会基本技法之后，就可以先为自己制作想要的东西，之后再以渐进的模式挑战原创作品。因为"想要某东西"的欲望正是制作作品的原动力！

皮革工艺中使用的基本工具

　　首次制作作品时，需先购置主材料——皮料以及作业用的工具。工具种类繁多，除了皮革工艺的专业工具之外，也有日常生活中常用的工具。建议初次制作者可先从基本套装购买，以免发生工具不足的情况。日本 Craft 社发行了多款基本工具套装，本书中使用的基本工具即为该社的纯手工皮革工艺套装。实际上，只要购买此套装便能满足手缝作业的基本需求，剩下的工具则可随着制作次数的增加慢慢地更换或添购，最后拼整出最适合自己的工具组即可。手缝线、黏合剂、侧边仕上剂等耗材用完后可以尝试换用其他品牌的产品。而相同功能的工具，在使用的手感及质感的呈现上也都不尽相同。另外，能力较高的制作者也经常会将市售的工具改造成方便自己使用的形式。由此可见，使用工具的习惯其实正是左右制作者作品风格的重要因素！

纯手工皮革工艺套装（基本款）

此为首次制作手缝皮件的必备工具，是包含了所有基本工具的全套套装！此套装中除了有基本工具之外，还有附赠马鞍皮制票卡套以及手缝制作流程的说明书。全部的工具为双菱斩（间距 2mm）、四菱斩（间距 2mm）、圆锥、挖槽器、削边器（#1）、研磨片、三用磨边器、床面处理剂（80ml）、上胶片（20mm）、白胶（100 号、80ml）、木锤（一般）、胶板（极小）、地垫（15cm×25cm）、手缝针（圆针、细）、麻线（中、无染色）、线蜡（1/2）、裁皮刀（43mm）、塑胶垫（18cm×27cm）。纯手工皮革工艺套装（基本款）价格为 12 600 日元（约合人民币 794 元。请以当日汇率为准。译者注）。

轻量款

除去基本款内的裁皮刀、塑胶垫、线蜡、票卡套装，麻线改为手缝蜡线（细）。价格为8 190 日元。

皮革工艺套装（Leather Craft Kit）

内有皮雕与染色用基本工具以及编织用皮绳针，价格为 16 275 日元。

简易皮革工艺制作套装

Craft 社开发的纯手工皮革工艺延伸套装"simple leather style"，价格为 5 775 日元。

手缝套装

可进行挖槽、间距控制（间距轮）、手缝等制作的入门套装，价格为 3 885 日元。

多用途工具 1

各位在制作皮件时，是否常用到圆锥呢？圆锥除了可以在皮革的皮面层上画线之外，还能用于穿凿基准点线孔、修正散开的缝线等。圆锥虽然看似简单，但却是不可或缺的工具。

圆锥

于握柄上安装圆形针的简易工具，可用于拉线、穿凿直径1.6mm宽的圆孔等作业。

多用途工具 2

三用磨边器与木制磨边器（樱丸）的功能几乎相同。平面部分的功能主要为磨整肉面层等大面积的部分与较厚的侧边，或是在粘贴时进行加压作业；柄部沟槽用于磨整各种厚度的侧边；尖端部分则可用来拉线。

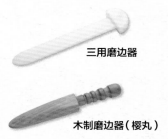

三用磨边器

木制磨边器（樱丸）

三用磨边器较具弹性，木制磨边器则较硬。可依个人喜好或用途变换使用。

裁切皮革的工具

用来切割皮革的刀具最重要的部分就在于使用的方便性以及锋利度。最基本的刀具为下图的一体成形的"革包丁"裁皮刀，但因其需用磨刀板研磨以保持锋利度，因此初学者可先使用较容易保养的换刃式裁皮刀，或是先从美工刀下手。

换刃式裁皮刀1

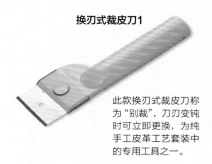

此款换刃式裁皮刀称为"别裁"，刀刃变钝时可立即更换，为纯手工皮革工艺套装中的专用工具之一。

美工刀

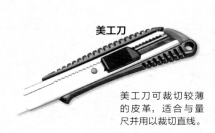

美工刀可裁切较薄的皮革，适合与量尺并用以裁切直线。

裁皮刀

此款裁皮刀称为"革包丁"，经过仔细研磨后可拥有最佳的锋利度。除了照片中30mm宽与39mm宽的刀款之外，还有斜刃与左撇子专用等刀款。

换刃式裁皮刀2

此款换刃式裁皮刀称为"革裁"，有直刃与斜刃两款，为标准换刃式皮革工艺刀具。铝制握柄的形状符合人体工学，容易握取，因此可裁出正确、稳定的线条。

黏合剂

使用于皮革工艺上的黏合剂大致可分为醋酸乙烯树脂系黏合剂、合成橡胶系黏合剂、天然橡胶系黏合剂三种。三种黏合剂的使用方法与黏性皆不相同，所以要视作业情况选择适合的种类使用。事先了解各种系列胶剂的特性并灵活运用，也能提升作品的质感。

白胶（100 号）

水性醋酸乙烯树脂系黏合剂。白胶延展性佳，须于干燥前贴合，贴合后可调整位置。

DIABOND 强力胶

合成橡胶系黏合剂。须于半干燥状态贴合，贴合后无法调整位置。

生胶糊

天然橡胶系黏合剂。黏性弱，适合用于暂时固定或粘贴里衬。

黏合工具

以黏合剂贴合时使用的工具有推匀黏合剂用的上胶片与加压用的推轮。贴合零件时黏合剂的厚度愈薄愈好，且必须确实黏紧，因此须用到这些工具。另外，除了推轮之外，也可以使用木制磨边器或三用磨边器的平面部分进行加压作业。

上胶片

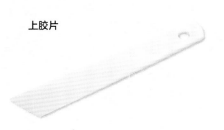

醋酸乙烯树脂系黏合剂与橡胶系黏合剂皆可使用的树脂制上胶片。一般上胶片有 20mm 宽与 40mm 宽的款式，需视作品情况变换运用。

推轮

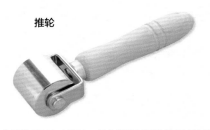

前端推轮可自由滚动，因此能通过平均施压来达到确实贴合的目的。

画线工具

缝线为线孔的基准，因此画线时必须与侧边维持均等的间距。主要工具有挖槽器（可刻出沟槽）、间距规（适用于薄皮料）、边线器（可画装饰线）。另外，间距轮则是可以在缝线位置上压出等间距线孔记号的工具。

挖槽器

于厚质皮料上刻出沟槽的工具。因缝合后缝线会藏于沟缝中，所以能防止缝线磨损。

间距规

可于皮面层较薄的皮料上画出准确的缝线。使用时需将一支针脚紧靠于侧边上，再以另一侧的针脚画出缝线。

边线器

松开螺丝后便可调整前端的宽度，因此可画出等间距的缝线与装饰线。使用方法与间距规相同，将其中一侧紧靠于侧边上，以另一侧于皮面层上画出线条。

间距轮

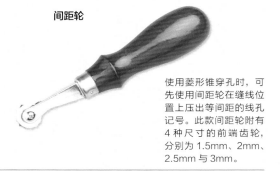

使用菱形锥穿孔时，可先使用间距轮在缝线位置上压出等间距的线孔记号。此款间距轮附有 4 种尺寸的前端齿轮，分别为 1.5mm、2mm、2.5mm 与 3mm。

凿孔工具

最普通的凿孔方法为使用木锤敲打菱斩以凿出线孔。市售菱斩有多种间距规格，搭配不同粗细的缝线便可在针脚上做变化。另外也有使用菱形锥——凿开线孔的方法，但通常会与间距轮一起使用。

菱斩

用以凿开菱形线孔的斩具。基本款为双菱斩与四菱斩，市面上有售单菱至十菱间的各款菱斩。其间距上又可分为 1.5mm、2mm、2.5mm、3mm 等。

木锤

敲打菱斩所使用的工具。市面上有各种不同重量与形状的木锤，需挑选自己用起来较顺手的款式。

菱形锥

可刺穿皮革以凿出菱形孔的工具。菱形锥的使用方法为——凿穿且必须对齐线孔的方向，因此使用上较需要技巧性。

处理侧边的工具

植鞣皮革侧边的切断面需进行磨整加工。虽然在最后的步骤中是以前面介绍的木制磨边器等磨整，但在此之前必须先将侧边整理成漂亮的圆弧状。基本步骤为先用削边器削去边角，再以研磨片等工具磨整成圆弧形。

研磨片

用以磨平贴合后的侧面断差以及磨圆边缘。

削边器

以固定宽度削去皮革边缘的工具。Craft 社制 #1 款削边器刀刃宽度为 0.8mm，#2 款为 1.0mm，除此之外还有专业人士用等款式。不过，薄质皮料与较柔软的皮料不适合使用削边器，因此要改用研磨片进行磨整。

刨刀

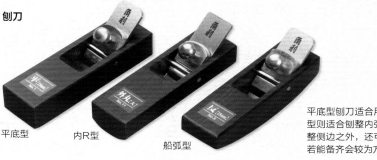

平底型　　内R型　　船弧型

平底型刨刀适合用于刨整直线侧边，船弧型则适合刨整内弧侧边。刨刀除了可以刨整侧边之外，还可以进行削薄加工，因此若能备齐会较为方便。

三角研磨器

三角研磨器的颗粒比研磨片粗，因此适用于磨整多层皮革相叠的厚侧面断差。另外也有半圆形款，可视作品情况变换使用。

削薄工具

用以削去皮革肉面层，以调整厚度的削薄刀。虽然裁皮刀与刨刀皆能进行削薄作业，但市面上亦有售卖削薄的专用工具。削皮刀的刀口狭窄，使用时较为灵活；Super Skiver 削薄刀较硬，除了可以削薄侧边之外，也可用以削薄皮带的反折部分。安全削薄刀则属于构造简单、方便使用的削薄工具。

削皮刀 / Super Skiver 削薄刀 / 安全削薄刀（由左至右）

掌握各种削薄工具的特性，判断何处需要使用何种工具也是制作者的能力之一。另外，制作者本身也必须了解何种款式的削皮刀用起来最为顺手。

打磨剂与磨整工具

皮革的肉片层与侧边皆需经过磨整才能完成作业，而磨整时便需使用到专用的侧边仕上剂。最具代表性的仕上剂为床面处理剂与CMC，两者的使用方式皆为先涂抹于肉面层或侧边，再以玻璃板或三用磨边器、木制磨边器、磨整侧边用帆布等磨整即可。

玻璃板

玻璃板的磨整范围广，适用于磨整肉面层。其边缘为圆弧设计，不易损伤皮革。在进行削薄加工时也可将玻璃板当作工作台使用。

床面处理剂

抑制植鞣革侧边与肉面层毛糙的代表性液状仕上剂，可直接以棉花棒或上胶片蘸取以涂抹于侧边或肉面层上。

CMC

基本用途与用法皆与床面处理剂相同，但其为粉状固体，须先以水溶解后再使用。

缝合工具

手工缝制皮件需要先以菱斩凿出线孔，再以手动穿针线的方式进行缝合，但须注意，缝线若未擦蜡，则会因为摩擦而导致磨损。一般来说，麻线在使用前必须先擦上线蜡，而市售尼龙系缝线则为上蜡线，可直接使用。另外，手缝固定夹可让手缝作业变得较为轻松。

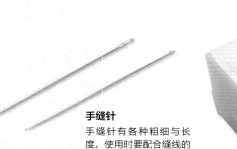

线蜡

线蜡的主要成分为蜜蜡。将手缝线擦入线蜡后便会在缝线表面形成一层保护膜，可有效防止缝线毛糙、磨损以及针脚松脱等问题。

手缝针

手缝针有各种粗细与长度，使用时要配合缝线的粗细，选用适当的款式。

手缝线

照片中为最具代表性的Scode手缝麻线。手缝线有粗、中、细三种尺寸，要根据不同需要变换运用。另外也有尼龙及聚酯纤维制的缝线。

桌上型手缝固定夹

将作品夹于顶端便能形成较易进行手缝作业的环境。除了桌上型手缝固定夹之外，还有编织固定夹与手缝固定树等相同功能、不同尺寸的固定夹。

底垫类

制作时，最基本的底垫为塑胶垫与胶板。塑胶垫为裁切作业时的底垫，胶板则为凿孔与敲合时的打台以及磨整侧边时的工作台。另外，在胶板下方垫上地垫便能消除凿孔作业时的噪声。

塑胶垫

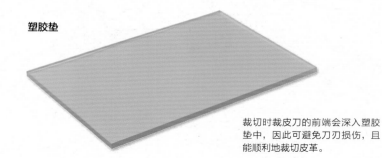

裁切时裁皮刀的前端会深入塑胶垫中，因此可避免刀刃损伤，且能顺利地裁切皮革。

胶板

敲打菱斩或圆斩时，前端刀刃会深入胶板中，因此能够避免刀刃受损。另外，磨整侧边时则可在下方垫上胶板，再将磨整工具抵住胶板边缘以求方便施力。使用时，建议将胶板分为凿孔面与作业面，并分开使用。

地垫

垫于胶板下方可消除作业的噪声，因此在进行连续凿孔作业时（如凿线孔）为不可或缺的重宝。

凿孔工具

想在皮革上凿出漂亮的圆孔，须使用前端为圆形刀刃的打洞器，一般称为"圆斩"。将圆斩置于皮革表面并以木锤敲打，便能凿出圆孔。Craft 社发行的圆斩有 2（直径 0.6mm）~100 号（直径 30mm），总共有 22 种尺寸。

圆斩

圆斩尺寸多但不必全部购买，在需要时再添购自己想要的尺寸即可。另外，圆斩是安装金属配件时的必备工具，因此建议在购买配件时顺便确认所需圆斩的尺寸并一并购买。

皮革工艺基本知识

在皮革工艺中，需要结合知识与实践方能做出令人赞叹的作品。最初可先选择较简单的作品并同时参照样本制作。虽然体验极为重要，但是为了能够稍微提高作品的质感，感受皮革工艺里深藏的醍醐味，便必须彻底了解皮革的性质以及作为素材的各种皮料特征，并整理出制作作品时的步骤与流程。

为了能够完全掌握
皮料这种素材……

皮料具有相当多的特性，例如有伸缩性、可塑性、纤维方向等素材上的性质，或者是因表面加工、厚度等制造过程中的差异性而产生的各种不同性质。而制作者若是不依照这些特性并善加利用，便可能会无法顺利制作作品，这也是皮革工艺师们的困扰之一。但是换个角度想想，这也等同于若是能够巧妙地利用这些特性，反而能做出更高质感的杰出作品。

若要完全掌握皮料的特性，绝不可欠缺基本的学习与练习。有人主张皮革工艺的趣味之一即为不用思考困难的问题，只需单纯地完成一件令人爱怜的作品，纯粹地享受制作的乐趣即可。我对此观念不置可否。但若是您的目标为制作一件漂亮、耐用的皮件，我建议您将此篇"皮革工艺基本知识"浏览一遍，并记在脑海中，让自己拥有能够把握皮革的实力。

完全把握皮料性质之后再进行制作，您一定会发现皮革工艺里的另一个全新世界！

皮料的性质

植鞣与铬鞣

皮料由动物的皮制成。皮除了能够保护动物的内脏不受外界刺激之外，还能完美地支撑身体组织。同时，为了不妨碍生物的行动，皮更是兼具了结实性与柔软性，因此可说是绝佳的素材！而动物的皮经过人为加工处理后就变成了较容易使用的皮料。

其实皮革即为动物尸体的一部分。因此，若想尽可能地保留其优良的性质，并制成适合加工成皮件制品的皮料，便需经过防腐与维持柔软性的加工处理，这道手续便称为

鞣制。皮革的鞣制方法相当复杂，需经过各式各样的加工手续。但简单来说便是将某些特殊成分加入皮革的纤维内，使皮在干燥后也不会失去柔软性。

而在鞣制作业中使用的成分，大致上可分为植物性的单宁（涩）与化学合成物三价铬，以其鞣制出来的皮料则分别称为植鞣革与铬鞣革。植鞣与铬鞣所制成的两种皮料性质完全不同，因此最先需要学习的"皮革工艺基本知识"即为理清此两种皮料的性质差异。

■ 植鞣革

植鞣革也称单宁鞣革，材质较有韧性，质感较硬，是适合制成男性皮件的硬挺型皮料。植鞣革的侧边（切口）经过打磨后会转为深色并呈现出光泽，因此适合采用外缝缝制。此外，植鞣革还具"可塑性"和"经年变化"两大特征。除了可维持某种特定形状之外，随着制成的时间愈长、吸收的光照愈多，颜色会慢慢变得更为深邃。

■ 铬鞣革

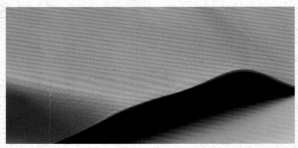

铬鞣革的材质较柔软且具有弹性，因此不易成形，也不容易留下伤痕与折痕。大多数的铬鞣革质感都较轻柔，适合制成女性喜爱的温柔风作品。铬鞣革的侧边即使经过打磨也无法呈现出漂亮的质感，因此通常会采取染色的方式做修饰或是以内缝法将侧边藏于内侧。不过，铬鞣革的颜色与纹样变化都比植鞣革丰富。

■ 特征比较

可塑性与弹性

植鞣革的可塑性意指其能够维持加工后的形状的特质。植鞣革在打湿后会变软，此时便能自由地做出各种造型。待干燥并恢复其原有的硬度后，便会维持在该造型之下。而铬鞣革无法塑形且具有完全相反的弹性特质，因此难以成形。植鞣革与铬鞣革在性质上的差异导致其适合制作的单品类型完全不同，因此区分使用此两种不同性质的皮料是皮革工艺中最为重要的要素之一。

利用植鞣革的可塑性成形的羊头骨饰品。若使用铬鞣革则绝对无法办到。

具有弹性的铬鞣革最适合制成托特包等会随着内容物变形的作品。若使用植鞣革则无法呈现出如此柔软的质感。

韧性与柔软性

使用纤维组织紧实、本身便具有韧性的植鞣革制成的单品，其整体质感会较为坚硬。而使用如布般柔软的铬鞣革制成的皮件的质感则较为轻柔。换句话说，每件作品所使用的皮料质感会直接呈现于作品上！虽然一些皮件既可用植鞣革制作也能用铬鞣革制成，但其完成品的氛围却是大相径庭！

外缝与内缝

采取外缝的皮件侧边会直接显露于外侧，因此适合用于只需磨整便能呈现漂亮质感的植鞣革。相反，缝合后侧边会藏在内侧的内缝则适合用于较柔软的铬鞣革上。一般皮件在设计时便已经确定该采取何种缝法，所以基本上必须选择适合该作品的皮料使用。不过，某些作品也会采用铬鞣革配外缝的制作方式，或是植鞣革配内缝的手法，因此也无法一概而论。

经年变化与质量的维持

植鞣革经过日晒后会呈现较深的色泽，同时也会因为使用时的摩擦而转为较深的褐色，此种变化即为经年变化。因植鞣革制品会根据其凹凸形状与造型产生绝妙的颜色对比，而呈现出漂亮色泽的作品本身更是会散发出无可比拟的深趣，所以长期使用植鞣革者便能体会到"培育"自我风格皮件的乐趣。而铬鞣革具有弹性，不易受损，且少有变色情形，因此新品的质感可维持较久。

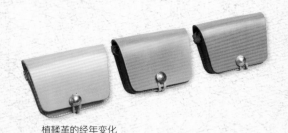

植鞣革的经年变化

侧边处理

如前页所述，植鞣革在涂抹床面处理剂或 CMC 等侧边仕上剂后，再以磨边器或帆布等工具磨整，便会呈现出光泽感与较深的色泽。而且经过打磨后，皮革的纤维组织会变得更为紧实，易受损的侧边也会相对变得更加坚固、耐磨。不过，铬鞣革的纤维组织因松散且不会变色，所以无法使用打磨的方式处理。因此需要涂抹树脂仕上剂（干燥后变硬）保护侧边，或是将其反折（反折边）藏于内侧。

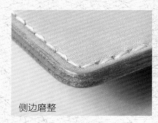 

侧边磨整　　　　　　　　　　反折边

皮面层的加工性与变化的丰富性

铬鞣革的显色效果比植鞣革佳，因此市面上有各种颜色鲜艳的铬鞣革皮料。除此之外也有许多在制造时便印刷上各式纹样的印花铬鞣革。植鞣革的变化性没有铬鞣革丰富，但可于皮面层上施以染色、雕刻、打印等皮革工艺专用装饰技法来增加丰富性。不过，每种技法皆有其适合与不适合使用的皮料，此部分将会在后面章节中做较详细的说明。

■ 何谓半植物鞣

现今，同时使用铬鞣与植鞣鞣制的半植物鞣技术相当发达，因此市面上也有售卖同时具备两种皮材特征的皮料。根据制造商使用的鞣剂种类与调配比例可制造出前所未有的微妙质感，因此此类皮料材质多较特别。而再运用特别的工艺、技法或许也能做出跳脱既定原理的有趣作品。

■ 如何挑选皮料

制作皮件时，大致上可以此处所介绍的鞣制种类来区分使用不同的皮料，但其实依据性质来区分也只是类型上的大致分类罢了。事实上，植鞣革中有如铬鞣革般柔软的种类，而铬鞣革也有稍具韧性的，甚至还有难以分辨性质的皮料存在。因此建议在挑选皮料时可前往实体店亲自确认质感，无须拘泥于性质上的分类理论。

部位与纤维方向

皮革由纤维组成，纤维的粗细、密度、流向都会因部位而异。背部为动物脊椎两侧的部位，此处纤维组织细密，流向则沿着背部形状延伸。其中尤以臀部与正背部附近的纤维组织最为紧密，且具有高度的延展性。除此之外，肩部的纤维组织比背部粗。而愈接近颈部与腹部，纤维组织则会愈粗且会逐渐分散，同时方向性与厚度也会变得较不规则，因此此部分的皮质较为脆弱。至于为何要讲解得如此详细，则是因为纤维组织的流向、密度、粗细等对于皮件制作极为重要，是在裁取零件时不得不充分注意的要点！

皮料的特性为纤维延伸的方向较不具延展性且不易弯折，而与纤维垂直的方向则较具延展性且容易弯折。因此，皮带与吊绳等使用时会产生拉扯力的零件必须配合纤维方向取出长边，以避免愈用愈长。而皮夹与皮包的翻盖，或是侧面横幅等需弯折的零件，则要配合纤维方向找出弯折处，以便顺利折出圆弧。另外，腹部等纤维不规则的部位适用于制作无须承受过大重量的里衬等零件。只有善用纤维的方向性，才能做出结实耐用的皮带，翻盖才能随心所欲地折出圆弧。因此，若想增加自己的作品质感，务必要了解皮料纤维的相关知识。

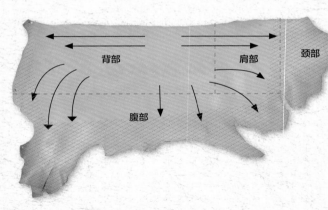

左图中的皮料称为"半裁皮"，即为将整头牛的皮革从脊椎部分分切成两半后的皮料。此皮料的头颈部在右侧，箭头代表纤维的延展方向，斜线部分则代表纤维流向不规则的部分。皮料各部位皆拥有固定的名称且性质皆不相同。通常半裁皮较容易断定各部位的位置，零售的裁切皮则相对较难区分，因此需要多加留意。

■ 裁取零件

如上文所述，作品的各部零件皆要根据其功能并配合纤维的方向性裁取才能作为材料。另外，毫无规划和根据地裁取零件会造成皮料的浪费。有效率、无浪费的裁取方式最为理想，因此，有效分配各零件位置的"裁取零件"作业，可谓是皮件制作的首要关键。虽不起眼，但却能展露制作者的实力。

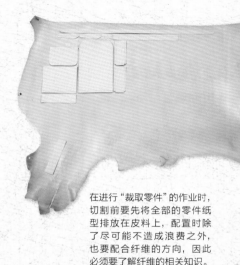

在进行"裁取零件"的作业时，切割前要先将全部的零件纸型排放在皮料上，配置时除了尽可能不造成浪费之外，也要配合纤维的方向，因此必须要了解纤维的相关知识。

在名片夹等作品当中，用于插放物品的零件要露出横向水平的纤维，以免使用时被名片等物品向外撑开。

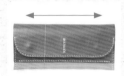

皮夹翻盖等需弯折使用的零件，要配合容易延伸的方向裁切，以便顺利折出圆弧。

吊绳等使用时会产生拉力的零件，要配合纤维方向裁出长边，否则使用后会立刻变长。

■ 零售皮料的判断方法

零售皮料（裁切成长方形售卖的皮料）从外观上无法辨别其为整张皮材的哪个部位，因此需要实际动手，轻弯皮料以确认。有抗力的方向为较无延展性的方向，能够顺利弯折的方向即为较具延展性的方向。另外，对照肉面层的构造则能判断出纤维的密度。

自各方向轻弯皮料，便能了解各方向的抗力差。

右侧肉面层的毛纤维较少且结构紧密，左侧则稍有歪曲但毛质柔软。前者为背部附近的皮料。

皮面层与肉面层

动物身体表侧的皮面为"皮面层"，反面即为"肉面层"。一般而言，作品的表面通常为皮面层，但有时会因皮革的种类不同而将肉面层当作表面使用。另外，在制造过程中有时也会将皮面层削去。肉面层上因有起毛，所以触感较差，因此通常会对叠贴合或是加贴里衬隐藏，或者使用处理剂磨整，使其呈现平滑的状态。

一般带有皮面层的皮料可一眼辨别出皮面层与肉面层。因此即便是初次看到皮料，应该也不会弄错。

皮革的厚度

皮革厚度是人为加工的结果，因此无法说是皮料的特性。皮革厚度不但会影响到硬度，也会影响到各部件的相关尺寸，因此以不同厚度的皮革制成的作品的氛围会相去甚远。有些作品是无法以厚度相差太多的皮料制作的，因此在制作时要慎重地设定与选择皮料的厚度。构造愈复杂、零件数愈多的皮件单品，其厚度的影响也愈大。各零件厚度设定与设计平衡感皆极为精细的作品，完成时便会相当美丽。

染色的容易度

人为加工及制造方式对皮料的染色容易度有相当大的影响。若在鞣制时皮料已吸饱油脂，或是表面有经过上膜处理，则较不容易染色。若鞣制后并无进行任何特别处理，皮料则较容易染色。此特性除了会影响染色的容易度，也和该皮料是否容易因手垢或黏合剂被弄脏的程度相关。因此，使用无特别处理的皮料时不可过度碰触，也要尽量避免涂抹过多的黏合剂。

皮层

下图为哺乳类动物的皮层构造的简化图。在表皮下方的真皮层中，紧贴于表面的平整层面即为"皮面层"，而皮面层下方称为真皮网状层的部分即为"肉面层"。另外，因为动物的毛发生自表皮下方的皮面层，所以仔细观察皮面层便能看出毛囊的痕迹。

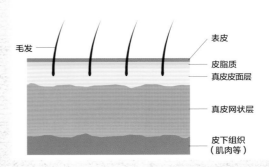

毛发　　　　　　　　　　　　　　　表皮
　　　　　　　　　　　　　　　　　皮脂质
　　　　　　　　　　　　　　　　　真皮皮面层
　　　　　　　　　　　　　　　　　真皮网状层
　　　　　　　　　　　　　　　　　皮下组织
　　　　　　　　　　　　　　　　　（肌肉等）

各式皮料

各式动物皮

在皮革工艺的皮料当中，最普遍的即为牛皮。其他则还有鹿皮、猪皮、山羊皮、羊皮等各种标准皮料。每种动物皮料皆有不同的特色与性质，因此适合制成的物品也不尽相同。

若想增进作品的质感或强度，最有效的方式即为掌握各种动物皮料的差异性，配合作品与各零件的性质并善加运用。另外，蜥蜴皮、蛇皮、魟鱼皮、鸵鸟皮等拥有独特风格与触感的皮料为"特殊皮料"。在大部分的情况下，特殊皮料的强度皆较低，因此难以用单一皮料制成皮件作品，必须先贴于牛皮或芯材上，再加以使用。这些特殊皮料除了较难处理、保养之外，价码也较高，因此使用时要万分注意。

■ 牛

牛皮是最常使用的标准皮料。牛皮结实，有厚度且面积大，因此可说是非常适合皮革工艺的材料。不同年龄的牛的皮料性质不同，因此牛皮又可分为阉牛皮、小牛皮与公牛皮等。此外，流通量大、价格稳定也是牛皮的一大特征。

■ 鹿

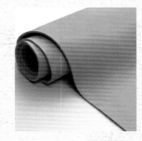

鹿皮通常为铬鞣革，因其纤维组织细致且错综复杂，所以同时具有极高的柔软性与强韧性。鹿皮打湿后不易变硬，具有极佳的触感。鹿皮大致可分为质感较薄的 Deer Skin 与大片厚质的 Elk Skin（麋鹿皮）。

■ 猪

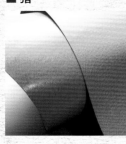

猪皮的最大特征为拥有松果般的尾部与并排成三角形的毛孔，以及坚固耐磨的特性。因为猪皮的质感轻巧，强度高且能削薄，所以适合制成皮包的里革等部分。另外，日本国内可提供原皮（鞣制用的材料皮），因此价格较便宜。

■ 羊

羊皮的纤维组织细致但较松散，因此质感较为轻柔。羊皮的皮面层平坦细致且触感极为滑顺，因此经常被用于制作服饰。

■ 山羊

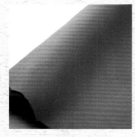

山羊皮的特征为皮面层有粗犷的褶皱。山羊皮虽然拥有如同羊皮般的细致纤维与柔软性，但比羊皮厚且皮面层的耐用性较高，因此经常用于制作皮包或服饰等。

■ 其他

蛇皮、魟鱼皮、蜥蜴皮、鸵鸟皮等稀少珍贵的皮料统称为"特殊皮料"。此类皮革各有不同的独特风格与特殊触感，且珍贵稀少，价值较高，所以经常用于制作高级皮件。

各式银付革

最常见的带皮面层植鞣牛革依据制成方法又可分成几大类，主要有鞣制后不施以任何加工处理的鞣革，以及为了提升皮料的耐久性与防水性而在鞣制后进行上油或染色等加工的加工革，因此市面上才有各种不同颜色的皮革。

此处介绍的皮革并无施以下页解说中的"表面加工"，依然保有皮革原始的触感，所以有许多皮革工艺家偏好使用此种皮料。

■ 鞣革

表面未经任何加工与染色的纯植鞣革。此类皮革的"经年变化"现象显著，且容易吸收水分与油脂，因此要注意保存方式。

■ 油皮

使皮革吸收适量的油脂后加工制成的皮革。油皮比鞣革柔软，且具有耐水、耐脏的特性。

■ 染革

经染剂染色的皮革。染革大致可分为两种，一种只于表面染色，另一种则会让染剂完全渗透至内部组织，使切口面也呈现相同的颜色。

各式起毛革

起毛革即为特意将皮革纤维起毛后再修整漂亮并以其作为表面的皮料。因表侧的纤维分布均匀，所以触感良好，少有不平整感。另外，起毛革不易显伤且保养方式极为简单，只需轻刷即可。制成起毛革的皮料的纤维必须柔软，因此

一般较多使用铬鞣革。制成起毛革的原皮种类相当多，因此皮料款式也相当丰富。起毛革经常用于制作服饰、鞋子、包类、袋类等，是主流加工皮之一。

■ 麂皮

使用研磨工具将牛、羊、猪等皮革的肉面层起毛制成的皮料。其特征为拥有如天鹅绒般舒适的触感。

■ 绒面革

刨削皮面层，使其起毛的皮料。其特征为具有皮面层独特的细致绒毛与平滑的触感。

■ 丝绒革

将无皮面层皮革的两面肉面层起毛制成的皮料。多以小牛皮制成，绒毛较长。

■ 鹿皮

刨削公鹿皮皮面层，使其起毛的皮料。英文名称"Buck skin"容易使人误认为是鹿皮背面，但"Buck"其实为公鹿之意。

各式表面加工

皮革在制造时除了染色、上油、起毛等加工方式之外，还有一种为了使皮面层能拥有独特的风格，而施于表面的特别加工。表面加工大致可分为涂抹颜料或成膜剂以形成皮膜、打磨抛光、搓揉、压制凹凸纹路以及营造出特殊触感等加工法。与鞣革、油皮相比，此类皮料的原始皮感较差，但其种类丰富多变，其中也有许多结实耐用又兼具独特美感的皮料。举例来说，"Bridle Leather 牛皮"是经过长时间的上蜡，使皮革吸饱蜡脂后再进行抛光制成，而其本身美丽的光泽及高度的耐用性则让它成为享誉世界的著名皮革！

■ 无加工

表面未经上色、涂膜等任何加工处理的皮料。此名称仅限于为了与表面加工革做区别时使用。

■ 苯胺加工

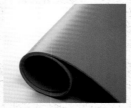

使用染料染色后再于表面涂上薄薄一层透明皮膜的皮料。此加工法可适当地保留原始皮感，增其透明度和光泽，因此能够凸显出原皮革的优点。另外，此类皮料也具有防水及防污等特性。

■ 颜料加工

于皮革表面涂抹颜料以遮住皮革原色与本身伤痕的上色方法。此类皮料的显色效果佳，有各式各样的颜色，但没有皮革的原始触感。另外，此类皮革不易沾污，且容易清理。

■ 摩擦加工

使用玛瑙或玻璃制推轮摩擦植鞣革表面，使其产生自然光泽的加工方法。此类皮料的皮面层拥有特殊的平滑感和色深。基本上在家中只要利用玻璃板或磨边器的平面部分，就能轻松地进行此项加工作业。

■ 搓揉加工

搓揉皮革使其表面产生细致纹路的加工方法。此加工方法除了可以增加皮革的韵味之外，也能使皮革不易显伤，且皮革本身的质感也会较为柔软。植鞣革经过此加工后也能产生类似铬鞣革般的柔软质感。

■ 皱缩加工

在鞣制作业过程中添加特殊药剂，使皮面层收缩以做出皱缩纹路的加工方法。根据皮革的部位不同，呈现出来的皱缩纹路大小等模样也不尽相同。

■ 压纹加工

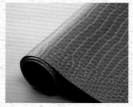 

又称为压凸加工。加工方式为于植鞣革皮面层加压，以借凹凸纹路呈现出特殊触感。此加工法除了可模仿鳄鱼皮等特殊皮料的纹路之外，也能压出网纹等人造花纹。

皮料的适材适所

适合手缝、缠边的皮料

　　手工缝制时因需随时调整手部的力道，所以使用具有某程度韧性与厚度的皮料会较方便作业。若使用过软的皮料进行手缝作业，则容易在拉紧缝线时产生皱缩或皱纹，因此制作者需要拥有能以绝妙等力持续缝合的技术！除此之外，手缝作业经常会采用外缝法缝制，而"缠边"作业也一定是采取外缝法，因此较适合使用只需磨整侧边便能完成修饰的植鞣革。考虑到以上的各种条件，我们在此推荐使用较具韧性的"马鞍革"等皮料进行手缝或缠边作业。不过，软质皮料当中的"Barchetta 牛革"等为施以搓揉加工后的植鞣革，此类皮料也具有相当的韧性，因此也较容易进行作业。

■ 其他适用皮料

· Pisano 牛革
· 涂油牛革
· Buono Anirin 牛革
· 钢琴革
· Smooth 油革
· 麋鹿皮

马鞍革

Barchetta牛革

适合机器缝纫的皮料

　　由于缝纫机的车针无法穿透过厚的皮料，因此使用缝纫机车缝的皮料有厚度上的限制（工业用强力缝纫机除外）。再加上缝纫机多采用内缝法缝制，因此要使用较具柔软性的薄质皮料。基于以上种种理由，"本染革"等铬鞣革便为较适合使用缝纫机进行缝制作业的皮料。另外，若想使用缝纫机以外缝方式缝制植鞣革作品，但又担心缝纫机的力量不足，则可以选用"钢琴革"等较柔软的薄质皮料。不过，即便使用薄质皮料制作，若重叠的张数过多，车针也无法穿透，因此须在设计上多下点功夫，尽量减少重叠的张数。若使用缝纫机制作皮件，请务必事先掌握所用机器的马达性能！

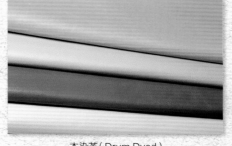

■ 其他适用皮料革

· Colored Natural Leaf 牛革
· Chrome free cricket 无铬鞣革
· Barchetta 牛革
· Spain Rum 羊皮

本染革（Drum Dyed）

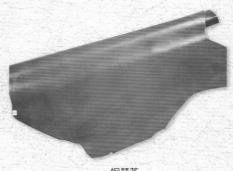

钢琴革

适合进行雕刻、打印的皮料

雕刻与打印皆会利用皮革的可塑性，因此必须使用植鞣皮革！过薄的植鞣皮革有切破肉面层的危险性，因此要使用 1.4mm 以上的厚质皮料。油脂含量愈少、吸水性愈佳、纤维组织密度愈高的皮革，愈能如实呈现出雕刻的效果，

因此使用"Tooling 雕刻皮"或"牛本鞣革"等未经加工的植鞣革较为合适。另外，将染革与表面加工皮料的肉面层打湿后，也可以进行打印作业。

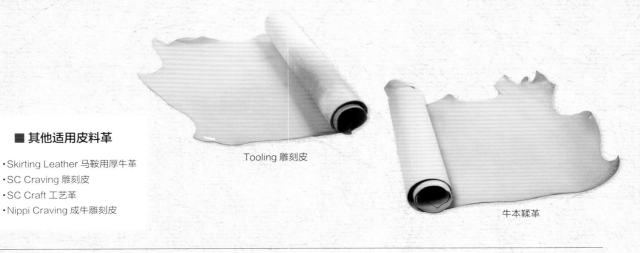

Tooling 雕刻皮

牛本鞣革

■ 其他适用皮料革

· Skirting Leather 马鞍用厚牛革
· SC Craving 雕刻皮
· SC Craft 工艺革
· Nippi Craving 成牛雕刻皮

适合染色的皮料

选用表面未经任何加工的纯植鞣革。油脂含量少、吸水性佳、原色淡的皮革即可染得相当均匀美观！"蜡染植鞣牛革"即为"植鞣蜡染用革"之意，此类皮料在鞣制作业时鞣得

较一般皮料白，因此具有优越的染色效果。另外，"白牛革"为使用合成植鞣制的纯白色皮料，染色效果佳，即使使用浅色染料也能呈现出鲜明的显色效果。

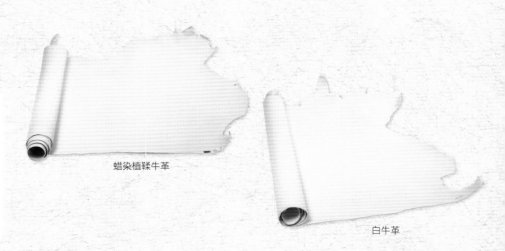

蜡染植鞣牛革

白牛革

■ 其他适用皮料革

· Vibration 蜡染植鞣打软牛革
· SC Craft 工艺革
· SC Craving 雕刻皮
· Dyeable Leather 染色用铬鞣革
· 山羊皮

皮革工艺的实践

拟订计划

特意在实践中加入"计划"的过程，是因为从选择制作的品项开始，一直到采买工具与材料为止，有非常多需要注意的皮革工艺制作上的要素。如同前述，皮料的种类众多且各具特色，而制作工具的种类也非常多样。若毫无计划，随意购买皮料或工具，经常会造成时间上的拖延或无端的浪费。因此在制作前就要建立具体的概念，并拟订出确实的计划。

先在脑海中想象制作场景，以便确定制作品项，确定品项后便要思考细部的构造。皮革工艺中的品项繁多，且

皆能依个人喜好决定配件及皮革的触感。即便书上刊载了详细的制作方法，但还必须认真思考线种与皮料颜色等要素。

虽然决定好具体的品项后自然能确定大部分的工具与材料，但运用功能相同而类型不同的工具与材料所制作的成品的风格仍会大相径庭，且使用上的方便性也会不同，因此这里又需要面临再次选择。事实上，开始制作前的各种选择正是制作皮件的第一步！希望各位读者不要觉得麻烦，尽情陶醉在选择的乐趣之中吧！

钱包为最受欢迎的制作品项。钱包有可无须弯折纸钞的长夹、二折皮夹、零钱包等多种款式。

皮夹链等单品为无须缝合的简单作品，通常只需编织或贴合后磨整即可制成，因此非常适合初学者。

■ 选择制作品项

初次制作者可选择皮革工艺教科书上有详细制作方法解说的品项。即使教科书上的模板造型或多或少无法让人称心，但最重要的是要先体验从开始至完成间的各步制作流程。尽管是个简单的作品，但若能彻底完成，便能激发出想制作下个作品的欲望。虽然作品的难易度无法一言以蔽之，但是零件愈少、重叠部分愈少的作品基本上即可视为制作方法愈简单的作品。因为即使是小型钱包，若内有安装口袋或零钱包等复杂的配件，制作难度便会提高。而大型的皮包有时也会因构造简单而容易制作。因此，若对自己没信心，可先选择构造简单的作品来制作。

若是从设计上着手，或是想为既有的设计增添变化，请记得作品的尺寸与造型都会影响到拼组顺序与缝制方式，因此必须先再三考量制作的可能性，再前往下一个制作阶段。

由于鞋子是立体形状的作品，因此难度也较高。不过拖鞋与莫卡辛鞋等构造较简单的鞋款也可以手缝制作。

笔袋等文具用品也为人气单品之一。文具皮件除了平日皆可使用外，其最大的魅力在于制作的时间短，压力相对较小！

采取内缝的托特包。托特包为较大型的作品，但只要构造简单，初学者也可以完成制作。不过因托特包的缝合距离较长，所以使用缝纫机会比手工缝制轻松。

也可制作手环等装饰品。此类小物件的材料费低，为试做的良好品项。根据个人的美感与设计，做出与市售成品完全不同的独特作品也不再是梦！

■ 选择造型与细部设计

决定好品项之后便可进一步挑选细部的造型设计。举例来说，即便决定了要制作二折皮夹，但仍有许多细节问题。如口袋数、零钱袋和侧袋身的形状、开口的方式、金属配件的种类、皮料和缝线的种类与颜色、针脚间距等。

若是利用刊载于书中的制作方法及纸型进行制作，要注意书中指定的皮料种类、厚度以及制作流程等。此时只需在遵照其指示的同时，于皮料和缝线的配色上花点心思即可。

尽管是只能仿效书上制作方式的初学者，在不断重复制作的过程当中，也能慢慢地增加制作上的变化，进而在最后将自己的理想化为现实。希望各位读者皆能够在既有的纸型上加入自己的设计，或是在拥有能够从头设计的技术后，尽可能地追求细节部分，以设计出让自己认同的造型。

同为二折皮夹，但左侧为样式简单的绿色油皮材质皮夹，右侧则为紫色蜥蜴皮加上金属配件的皮夹，两者风格完全不同。

左侧皮夹为利用舌扣（主体延长部分）上的四合扣固定开口，右侧则是以将舌扣穿过主体插口的方式关闭。外观与使用方便性皆要视个人喜好决定。

虽然内部构造相同，但仅是不同的皮革质感与颜色便能产生不同的氛围。开口固定方式与设计相关，因此对初学者而言较为困难，但是颜色方面则能自由搭配！

下图中，左上为在本书后面有详细制作解说的名片夹。其他则为使用不同皮料与金属配件的变化款式。作品构造简单，所以多少改变使用皮料的柔软度或厚度也能够制作。试着使用喜爱的皮料，营造出独创的氛围吧！

左上与左下名片夹的对照图。下方使用的皮料较薄且柔软，因此整体感较为简洁。但是翻盖处需增贴里革，以做补强。另外，扣具要换成结合力较弱的四合扣，且扁扣要安装于里革内，不可设于翻盖的表面。

■ 选择皮料与材料

确定制作品项与造型后便需开始选择使用的皮料与金属配件等材料。

皮革的性质在前文已做过详细的介绍，所以要挑选具有与成品风格近似质感的皮料，或者根据皮料的质感来决定造型等。但若是弄错厚度与种类便有可能无法进行制作，因此要多加注意！

不同种类与尺寸的金属配件使用的方便性与呈现的感觉皆不同，而且扣具的形状与强度也会影响到与作品的合适度，因此选择金属配件也是个难题。我们必须不断地制作，并经过无数次的成功与失败后，才能从经验中领会选择的技巧。

四合扣（左）与牛仔扣（右）乍看之下为相同的扣具，但后者的结合力较强，不适合用于薄质柔软的皮料。两种扣具皆可分为大、中、小三种尺寸，要挑选最适合的尺寸并不容易。

固定扣有多种尺寸与脚长，因此要视皮料厚度与作品尺寸选用适合的款式。

环类金属配件也会根据宽幅、形状的不同而运用于不同的部位。因此要记住各款式的适用部位。

金属配件的安装方法也是相当重要的一大要素。除了大部分为以打具敲打的方式固定之外，也有自内侧锁紧螺丝的款式和需要以扣爪固定的款式。此项要素与整体设计也有相当的关系，因此也较难以选择。

■ 选择工具

为了将欲制作的品项成形，要选择并准备必要的皮革工艺专用工具。当然，手缝制作需要手缝工具，缠边制作需要缠边工具。不过在基本工具里，即使是功能相同的工具，也会在使用便利性与用其制成的作品质感上表现出微妙的差异。例如，裁切皮料时可使用美工刀、别裁、革裁、革包丁等各种工具，因此要考虑使用便利性、作品的质感与价格等要素后再进行选择。其中最需要注意的是圆斩和其他有尺寸之分的工具。制作时会依作品造型来选择工具的尺寸，若是弄错尺寸就可能会无法制作，或即便制作完成，其品相也可能不佳。

■ 基本工具

除了左栏所说的皮料裁切之外，侧边磨整作业中也有各式各样的工具。例如三用磨边器、木制磨边器、帆布等。工具组合以及使用顺序的不同，也会产成不同的效果。在不断制作的过程当中，自然会了解不同工具间的差异性，进而得以选择适合自己的工具，并按照各种作品的特性灵活运用。

■ 制作工具

手缝、缠边、机器车缝等各种制作方式所用的工具皆不相同。另外，菱斩斩脚的间距宽与缝线粗细间的平衡感亦会影响到针脚的印象，因此必须根据个人的喜好和作品尺寸挑选出最理想的工具。此外，黏合剂的选择也很重要。根据皮料种类与零件性质选用适合的黏合剂，即能瞬间提升成品的美感与强度。

■ 有尺寸之分的工具

以上两个项目中，无论选用何种工具基本上皆能达到某种程度的制作，并无所谓的错误选择。然而，有尺寸之分的工具若是选择错误，有可能会造成无法制作的情况，因此必须仔细确认，再加以选择。例如，若是想安装四合扣等扣具，便要使用符合该扣具种类与尺寸的圆斩及敲打打具。在一般附有制作方法的工具书中，也都会指定此类工具的尺寸。

购入

决定制作的项目及必需的工具与材料后，便可以到皮革工艺用品店购入。购买工具相当简单，虽然每间店的商品多少会有些差异，但一定会有基本款工具套装。若是遇到非买不可但店家无售卖的工具，可以向店家订货，或是多询问几家店。

购买皮料需要些诀窍。首先，商品质量多少会有偏差。虽然制造商与批发商都在努力提供质量稳定的货物，但即使同品牌的皮料，每张皮料受损的部分也不尽相同，质量必然有差异。其次，生产单位、部位、时期的不同也会产生质量与厚度上的偏差。相对稳定的商品，价格一般都很高，因此，若只想购买适当分量且能接受的皮料，那就多走几间店家，慢慢寻找吧。

总之，要先尽量触碰各种皮料，如此便能慢慢学会判断何种皮料适合何种作品，或是该皮料是否符合自己的喜好等。

■ 皮料的单位

在日本，皮料使用的单位为"DS"，1DS = 10cm×10cm = 100cm²。整张牛皮通常会对裁后售卖（将整张皮自背部分切成两半），一半约为240DS。部分店还会继续分切成零售皮料后售卖，价格可能相对较高，要多加留意。由于此类零售皮料已裁成适当的大小，所以非常适合用于制作小物件。此外，此类零售皮料多不会采取有损伤的部位，因此若找到刚好尺寸的零售皮料，便可能达成完全使用、零浪费的目标。

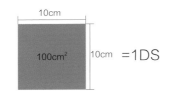

■ 前往皮料行

购入皮料最好前往皮料行。皮料行内有相当多的皮料，所以除了可以提升寻找目标皮料的概率之外，同时也能累积经验。不过，不要心急地想一次找到最佳的皮料，必须耐心地多前往几次，才能买到满意材料。另外，皮料通常可拜托店员于近处展示，以便触摸确认质感，但须注意不可弄伤皮料。

皮料的质感即为完成品的质感。除了确认纤维的状态与厚度等性质之外，也须将触摸时的舒适度及自己满不满意该皮料的氛围等直觉部分当作判断的标准。

零售皮材相当珍贵。因为零售皮材很少采取质量差的部位，所以在只需使用少量皮料时较为划算，而且也有较多种的选择。

■ 辨别皮料的方法

如前方所述，皮料质感的差异相当大。因此若有不清楚的部分，建议直接询问店内人员较为妥当。借由经验的累积与不断触摸各种皮料，慢慢培养出自己辨别皮料的直觉。无论是店家特意分切的零售皮料，还是剩余的零散皮料，皆要实际触摸确定后再购入。

除了确认零售皮料整体质感外，若能从尺寸、形状、纤维方向、纤维密度等各项细微要素判断会较为理想。

■ 利用代客削薄服务

要找到质感、颜色、厚度等全部要素皆满意的皮料相当困难，而厚度方面可利用"代客削薄"服务，将肉面层削薄，将皮革调整至所需的厚度。各店家削薄服务的价格、最小单位皆不相同，因此可以向提供该服务的各店家询问。

制作

待制作品项、制作方法、工具、材料等全部确定，并购齐所需之后，便终于来到制作的流程了。提到皮革工艺，大部分的人皆着重于制作，但在此之前的过程应该也有许多值得玩味之处。

为了避免让之前的努力白费，制作前要掌握整体流程，并要准确、细心地进行作业。在裁取零件时要考虑纤维的方向性，以便有效利用皮料，达到零浪费的目标。接着按照纸型裁出零件，再进行手缝或缠边的配组制作、侧边磨整及成形等，最终进行细部的修饰加工，作品便大功告成！

无论是何种步骤，愈精心制作，完成品就愈漂亮。让我们全力以赴，做出满意的作品吧！

■ 裁取零件

根据前面所学的皮革纤维性质以配置各零件位置。若于此步骤取错方向，辛辛苦苦制成的作品便可能会发生拉伸、扭曲、细长形零件断裂等惨状。即使是制作小配件，也必须确实考虑纤维的方向性，这样才能做出质量优良的作品。此为最后一个用脑比用体力多的步骤，所以须更仔细地进行。

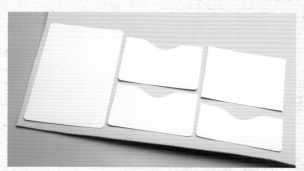

考虑各部纤维方向，尽可能将全部零件集中配置。头脑中要有概念，不可让剩下的皮料成为零星的空间。

■ 裁断

虽然切口（侧边）会进行磨整加工，但尽量裁漂亮会较为妥当。建议可先练习，以便顺利裁出直线与曲线。

保持切口的垂直极为重要。详细技术解说请参考第47页"裁断"篇。

■ 制作

使用黏合剂等暂且组装各零件后，便要使用手缝或缠边等技法缝合。组装顺序、粘贴范围、缝合范围等构造较复杂的作品需更加谨慎。

制作得用心与否不仅会影响成品的外观，也与耐用性等相关。

■ 最终修饰

侧边磨整、整理形状等最后进行的修饰作业，对作品的质量也有巨大的影响。因此必须全力以赴、仔细作业！

须注意，某些零件必须于制作过程中先进行侧边磨整作业。

使用

皮革工艺最后的醍醐味是能够实际使用由自己亲手制作的喜爱皮件。只要将皮料以正确的方式组装制成，即使非专业人士也有可能做出高耐用性的实用作品。因此想制作出不俗套的优秀作品也不会是梦！若使用植鞣皮革制作，便可欣赏每次使用后的色泽变化，这样也会愈用愈喜爱。

皮革的加脂修饰

此处要来介绍加脂的方法。油脂对皮革而言为不可欠缺的物质。若油脂不足，皮革便会硬化，情况严重者甚至会产生龟裂现象。因为在鞣制过程中也会进行加脂，所以皮料多少皆会含有油脂成分。但是随着时间的流逝与沾湿后的水分蒸发等，油脂会渐渐减少，因此建议适当进行加脂，以维持皮革质感。加脂不仅可加强皮革的柔软度，也能使其具有润泽的触感与深沉的色调。但是过度加脂会破坏皮革的触感，因此要多加注意。

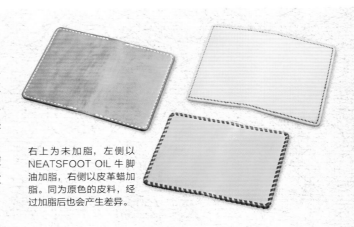

右上为未加脂，左侧以 NEATSFOOT OIL 牛脚油加脂，右侧以皮革蜡加脂。同为原色的皮料，经过加脂后也会产生差异。

■ NEATSFOOT OIL牛脚油

由牛脚骨抽制成，为植鞣皮革保养与修饰的最佳油脂。因其为液状油脂，渗透性及纤维的润滑度皆极为出色，也因此有时会被用于鞣制过程中的加脂作业。另外，牛脚油经过阳光照射会转变成琥珀色，因此将其用于原色植鞣革的修饰作业中，便会促进皮革产生日晒颜色的效果。

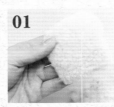

01 涂抹时要使用羊毛片。羊毛片绒毛过长会吸取过多的油脂，因此要先修剪至约1cm的长度。

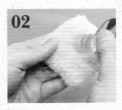

02 蘸取适量的牛脚油（不会滴油的程度）后搓揉羊毛片，使羊毛片均匀地吸收油脂。

03 以含油脂的羊毛片摩擦皮面层，以涂上牛脚油。因零件重叠而藏于内侧的皮面层也要确实地涂上牛脚油。

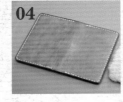

04 刚上完油的皮件多少会有色斑且颜色较浓，但静置一段时间，待油脂渗入内部后，便会呈现美丽的色泽。

■ 皮革蜡

植鞣皮革与铬鞣革皆可使用的蜡状仕上剂。皮革蜡主成分为蜡与油脂，除了可同时进行加脂与抛光作业外，涂抹后的蜡质具有保护皮面层的作用，因此也有防止污垢附着和防水的效果，为相当优质的仕上剂。使用方法与一般油脂相同，只需涂于表面后静置待其渗透即可。皮革蜡的色泽变化不如牛脚油，但抛光效果较强，因此将其当作仕上剂使用应该会比当作保养剂使用更为合适。

用力摇动，搅拌均匀后以棉布（适当的碎布也可以）蘸取适量的皮革蜡。

以擦拭的方式轻轻将皮革蜡涂抹于整片皮面层上。静置一段时间后，干擦一遍，便能使其产生光泽。

■ MUSTANG PASTE皮革保养油

使用马油制成的皮革保养油。虽为膏状油脂，但渗透性极佳，无论是植鞣革，还是铬鞣革，皆能完全渗透至内部。MUSTANG PASTE皮革保养油为无色油脂，且较少有色泽变化，因此也适合用于染色后的加脂作业等。

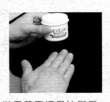

以手蘸取适量油脂后，轻轻涂抹于皮革上，并向外推薄。膏状保养油接触人体热度后即会变软，变得较容易涂抹。

纸型

纸型堪称皮革工艺的根本，若纸型不正确，作品便无法成形。本篇会介绍如何将绘于薄纸上的图案转贴于厚纸上，并制成可实际使用且准确耐用的纸型。而本书最后所附的纸型也要按照此方法先贴于厚纸上，再加以使用。希望各位读者皆能通过本篇的介绍，学习到正确的纸型制作方法。

制作准确耐用的纸型

在皮件制作作业中，最初要进行的最为重要的作业为制作纸型。对皮革工艺师而言，纸型为著作财产之一，同时也是所有制作流程中最耗费时间与精力的部分。当然，由自己设计出原创纸型是件非常困难的事，即使从纸型大全中采用他人的设计也必须靠自己制作成正确耐用的纸型，否则作品也无法按照设计图成形。另外，若能先试着将纸型组合成完成品的模样，便能避免裁切后发生尺寸错误。因此，制作准确、耐用的纸型对于皮件制作来说至关重要。简单来说，制作纸型只是将绘于图纸上的图案裁切下来。但制作时若有意识到其技巧性，制成的纸型的质感便会完全不一样，甚至作品的质量也会大大提升。另外，设计纸型时可使用有小方格的方眼纸或工作用纸。接下来便以裁切纸型时刀具的使用方法为中心，为大家一一介绍如何做出漂亮纸型的各种技巧。希望各位读者能从制作正确耐用的纸型开始，慢慢练习皮革工艺技法。

贴合原图与厚纸

若纸型不正确便难以做出如愿的作品。一般而言，印刷于影印纸等薄纸上的纸型无法顺利地转描至皮革上，因此我们要先影印，再贴至厚纸上使用。在裁切厚纸纸型时，为了避免切口不平，必须使用裁皮刀等刀具，以便裁出平滑的切口。漂亮的纸型即为漂亮作品的基础！

生胶糊

纸型原图需影印后再使用。与厚纸贴合时需使用生胶糊。

鸡皮纸

玻璃板

上胶片

量取纸型图案的中心点　　若原图没有指明中心点的位置，则需实际测量后标上记号。

01 量出主体的中心点并标上记号。若不先找出中心点，在组合零件时便会不知道该对齐何处。

已标出中心点的纸型。有些纸型样本会直接标有中心位置。

02

贴合纸型图案与厚纸　标出中心点后便可使用生胶糊将图案贴于厚纸上。

厚纸，建议选用工作用纸等纸材。此处使用的厚纸为Craft社售卖的鸡皮纸，其厚度最适合制作纸型。

01

若使用水性黏合剂会导致纸张吸收水分而皱缩，因此要选用无水成分的生胶糊。先于图案纸的背面涂满一层薄薄的生胶糊。

02

厚纸的整面也需涂上一层生胶糊。涂得过多，生胶糊会渗透纸张，使纸张皱缩，因此注意不可使用过多生胶糊。

03

☑ **CHECK**

待生胶糊完全干燥后便可贴合。要确实掌握所用黏合剂的性质，以便正确使用。

04 待生胶糊完全干燥后便可对齐位置将图案纸与厚纸贴合。因生胶糊粘贴后便无法撕起重贴，所以要确实对准位置。

05 贴合厚纸与图案纸后需要用玻璃板来回压紧。若用力过大，会弄破纸材，因此需用适当的力道压紧。

裁出厚纸上的图案

将图案纸贴至厚纸上后便可沿着图案的轮廓线将图案裁下。裁切纸型的刀具通常为换刃式裁皮刀或美工刀，并不使用剪刀。因为在制作皮件时需要沿着纸型边缘将图案转描至皮革上，所以纸型的断面要尽可能保持平滑。使用剪刀剪裁容易形成锯齿纹路，因此必须选用裁皮刀或美工刀。另外，较长的直线部分只要配合量尺，便能裁出笔直的线条。

美工刀

美工刀是必备刀具，但若要切出完美的直线必须配合量尺使用。

换刃式裁皮刀

换刃式裁皮刀与一般裁皮刀的使用方式大致相同，可顺畅地裁出直线与弧线。

裁皮刀的基本使用方法 　此款裁皮刀为最适合裁切纸型的刀具，基本使用方法可见下方说明。

如图所示，握紧裁皮刀后由外往内切割。作业时需要于下方垫上塑胶垫。

☑ **CHECK**

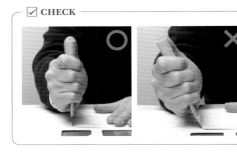

此款裁皮刀为单刃刀片，在进行裁切时刀片要垂直于纸材。须注意，若刀片角度倾斜，切断面会形成斜角，且较容易偏离图案的轮廓线。

使用裁皮刀切割直线 　首先需切割最基本的直线部分。使用技巧为尽量增加刀刃与纸材的接触面积。

将裁皮刀的刀刃对准图案轮廓线，并尽量使刀刃切入纸材中。切入纸材中的刀刃面积愈大，刀片的稳定度愈高，切出的直线线条也会愈笔直。

01

02
使用量尺裁切较为安定，可切割出更准确的直线。注意刀刃部分不可直接切到量尺。

☑ **CHECK**

若只使用裁皮刀的尖端切割直线，则会因刀刃的稳定度不足而无法切出笔直的线条。

使用裁皮刀切割弧线

切割弧线的方法与直线相反，切割弧线须立起刃角切割。

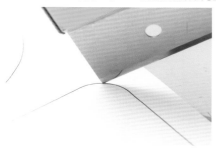

弧线部分要使用刃角裁切，且切入纸中的刃角面积愈小，切出的弧线线条会愈漂亮！

直线　　　　曲线

斜立裁皮刀使其与纸材呈 45°角，并尽可能只使用刃角裁切。使用点状面积的刃角裁切便可自由变换刀刃的方向。

▶ 裁切弯度大而深的弧线

01 从直线部分慢慢裁切至弧线时，需要渐渐提起刀口以减小刀刃与纸材的接触面积。

02 弧线部分需以刃角裁切。裁切时须固定裁皮刀的位置并转动纸型，如此便能顺利裁出弧线。

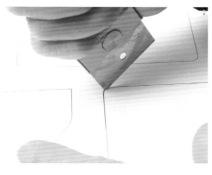

03 转动纸型切出弧线后便可直接往下切割下一条直线。若在途中停住刀刃，则可能会形成段差，因此要尽量避免停顿。

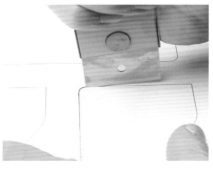

04 完成弧线的切割后即可慢慢放下刀刃，增加切入面积，以便裁切直线。

若还尚未习惯使用裁皮刀，或切割弧线时刀片稳定度不足，可先以手指在旁支撑，以增加刀片的稳定度。

05 若线条的终端为直角，则无法转弯继续切割，因此要利用刀刃的后侧直接切断。须注意，后端的刃角必须直接落在直角上。

▶ 裁切弯度小而缓的弧线

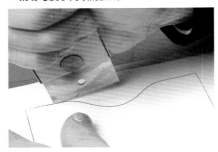

必须由直线慢慢切至缓弧线。此处虽需同深弧线一样立起刃角，但若角度过大，便有可能偏离弧线。

01

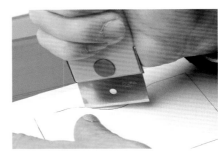

找出能够平稳移动刀刃的角度后，便需要维持该角度，以便顺利推进刀刃，切割出弧线。须注意，中途不可停住刀刃。

02

向上切圆弧时刀刃会遮住线条，因此须多加注意，避免偏离。同时也不可忘记维持刀刃的角度。

03

若在刀刃不稳定的状态下进行切割，刀刃角度偏离的部分便会产生段差。

04

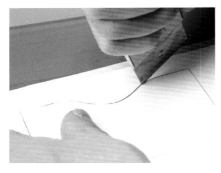

继续向上返切以完成反向圆弧的切割作业。此处也要注意刀刃的角度。另外，因为此弧线与直线相连，所以切割至最后阶段时要慢慢地放倒刀刃。

05

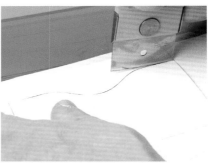

最后部分为直角，因此要使用反侧刃口直接压切。压切时要注意线条位置，以免偏离。

06

确认切下的纸型　确认切下的纸型是否为所需的零件部分，确认纸型的数量、尺寸等是否正确。

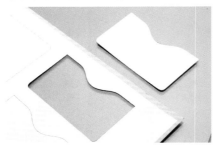

右图为依照轮廓线裁下的正确纸型。因之后需要沿着纸型边缘于皮料上描绘出图形，所以必须确认切口是否有段差。另外，试着将纸型组合成作品的模样，确认零件是否不足、尺寸大小是否有误等。

Tip 转描　使用圆锥等工具于皮料的表面上画出轮廓线或标注记号。

美工刀的基本使用方法　美工刀刀刃的稳定度比裁皮刀差，因此要注意使用的方式。

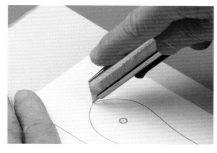

美工刀刀刃的稳定度差，因此不要推出过多的刀片。如左图所示，基本上只推出 1 段刀片即可。美工刀不同裁皮刀，无法使用大面积的刀刃，但适合利用其刀尖部分进行弯角等处的裁切作业。

 CHECK

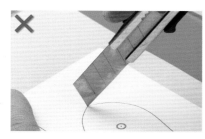

若推出过多刀刃，美工刀的刀片便会容易弯曲，失去稳定性。因此使用时不要推出过多！

美工刀不同裁皮刀，无法使用大面积的刀刃，因此切割直线时必须搭配量尺。

使用圆锥凿出中心点与安装位置　使用圆锥于中心点及安装位置上凿出记号孔。

使用圆锥凿穿已标于纸型上的中心点与零件安装位置记号。作业时不可凿歪，以免导致零件位置等偏离。此处无须凿出大孔，只要轻轻将圆锥尖端刺穿纸型即可。

此图为前一步骤圆锥凿出的圆孔的扩大版。扩大位置约为距边缘 0.5mm 处。

完成！在进入转描的步骤前再次将纸型组成作品的模样以确认尺寸大小等是否无误。若是待切下皮革零件才发现有误，则为时已晚，因此必须在制作纸型的阶段多次确认。

[名革珍革小档案 1]

鸵鸟皮 Ostrich

鸵鸟皮的表面色泽鲜艳，质感柔软且稍具润泽感，因稀少、价高，所以多用于制作高级名牌包、鞋、皮带等，堪称高级皮革的代名词！鸵鸟皮最大的特征为颈部至背部一整片称为 Quill Mark 的突起纹路，此纹路是拔除鸟羽后所残留的痕迹，而 Quill Mark 释放出的独特个性正是让鸵鸟皮大受青睐的主要原因。另外，因为鸵鸟皮的 Quil Mark 纹路只会出现在限定的部位上，所以使用该部位皮料制成的皮件的价值皆会很高。

鸵鸟脚皮 Ostleg

鸵鸟皮为身体部分制成的皮料，而鸵鸟脚皮是使用脚部的皮制成的皮料，两者皆为高级皮材。因为鸵鸟脚皮的面积较小，所以多用于制作皮夹或皮带等较小型的皮件。鸵鸟脚皮不仅有爬虫类的鳞片纹路特征，而且还会散发出强烈个性。鸵鸟脚皮上凹凸不平的纹路呈现出充满生机的质感，因此只要能够善用其特性，便一定能做出品味高雅且设计大胆的作品。

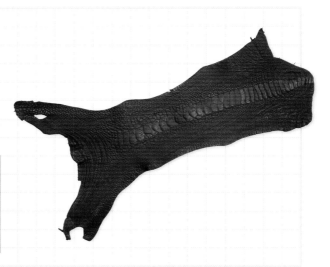

转描

将纸型转描至皮料上，为首次需要使用到皮料素材的作业。此项作业的执行正确度会严重影响成品的完成度。另外、在进行作业时也必须考虑到皮料各部位的纤维方向以及制成皮件后的使用舒适度。制作者对皮料的理解深度也是此项作业中不可或缺的重要因素。

工作 转描的准备

将自厚纸上裁下的纸型实际绘制于皮料上的作业称为转描。因转描作业是在皮料上进行，所以必须非常细心。若转描作业失败，该部分的皮料便会受到损伤，基本上无法再次使用。当然，每张皮料上皆会有原本受损或是烧印的部分，但若非特意将这些瑕疵当作设计上的一环，便需尽量避开。另外，在转描之前要先确认皮料的方向性以及各纸型零件的弯曲方向与延伸方向。若事前不先确认以上各重点，随意在皮料上裁切零件，实际成品的使用性与耐用性等方面皆会产生问题。

进行转描作业时，要使用圆锥或铁笔等针状工具于植鞣革的皮面层上画出记号。但若是针头过于直立，画线时便容易使皮面层产生细小的皱纹，因此要朝行进方向稍为倾斜针头以便顺利移动。另外，若是铬鞣革或鹿皮等较柔软的皮料，则需要使用银笔描线。因为不同的皮料所使用的工具也不同，所以必须准备适合所用皮料的工具，方能进行转描作业。

思考皮料的配置方式

在将纸型转描至实际使用的皮料上前，要先仔细观察使用的皮料，并思考各零件的配置方式。皮料根据其纤维流向可分成较具延展性与较无延展性的方向，而且根据使用部分的不同，零件的延展性也不尽相同。若不确实掌握皮料的特性并仔细思考皮料的配置方式，完成后的作品便可能会产生容易变形或是弯曲部分不易弯折等惨状。另外，皮料还具有上侧（背部）纤维组织细腻、下侧（腹部）纤维组织粗糙的特性。因此若能记住这些要点便可以分辨出零售皮革采取的部位。灵活运用皮料的特质，便能做出坚固耐用的作品。

辨别皮料的纤维
首先必须区分出皮料的上下面。

皮料切口若有上图的毛糙状态即表示其为"背剖"处，因此可知其为上侧（背部）皮料。

上图为同张皮料的肉面层对照图。应该可看出上方的纤维组织较细，此即为上侧（背部）皮，而下方的皮料则为下侧（腹部）皮。

确认皮料的弯曲方向　皮料的弯曲方向即为延展方向，而与其垂直的方向便较无延展性。

植鞣革可借弯折的方式来判断纤维的走向。

试着弯曲皮料。左图为无法弯曲的方向，右图则为可弯曲的方向。因两种方向的弯折手感完全不同，所以能立刻分辨出来。进行转描作业时必须先掌握此方向，再决定零件的采取部位。

☑ **CHECK**

轻轻拉扯皮料也能确认皮料的延展方向。不过，较薄的皮料经过拉扯后可能会被拉伸或变形，因此须注意不可过度用力。

转描纸型至皮革

　　将纸型置于皮料上并转描轮廓线。基本作业方式为将纸型置于皮面层，以圆锥或铁笔沿着纸型边缘画出线痕。最理想的零件配置方式为先确认皮料的方向性，再将纸型分配至适当的位置，并尽可能地缩小纸型间的间距，避免不必要的浪费。不过最初也必须考虑到失败的可能性，因此可先大致按照轮廓裁下，再仔细地沿线裁成必需的零件。另外，在进行转描时也要注意圆锥或铁笔的角度，以避免发生刨削到皮面层的惨状。在进行作业时请务必记得，转描并非是要"弄伤"皮革表面，而只是在表面"留下痕迹"罢了。

圆锥

转描使用的工具为圆锥。

将纸型置于皮料上。要尽量缩小间隙，以避免不必要的浪费。

沿着纸型描绘，将边缘轮廓转描至皮料上　　压紧纸型以正确地将纸型轮廓转描至皮料上。

01 压紧纸型以正确地将轮廓转描至皮料上。注意位置有无偏离。

02 稍微倾斜圆锥针头，以避免转描时让皮面层受到不必要的损伤。

☑ **CHECK**

转描时，若圆锥垂直于皮料，则会导致皮面层受损，而且会因圆锥深入皮料而无法顺利地画线。

☑ **CHECK**

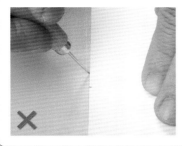

须注意，若圆锥往外倾斜，绘出的零件大小将会小于纸型的实际尺寸。

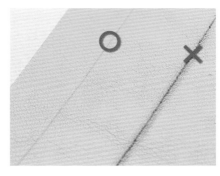

左侧为以正确方式绘制出来的轮廓线；右侧则是以垂直圆锥画出的线条，可看出皮面层已受损。

03

Tip 背剖　将整片皮由背部纵向分切成两半。分切后的一半皮料即为"半裁皮"。

转描曲线的注意事项　　大型曲线部分特别容易偏离纸型，因此须多加注意。

01 若无确实压紧纸型，便会如同右图所示，圆锥跑进翘起的纸型内，导致轮廓线偏离。另外也可以使用砝码等重物压住纸型。

上方为正确描绘出来的漂亮曲线，下方则为失败的曲线。

02

标记中央及零件安装位置的记号　　对准纸型上已凿开的记号孔，于皮面层上标出记号。

转描零件轮廓至皮料上后要先将纸型移开，以确认轮廓线正确无误，接着才可将纸型再度放回轮廓线中。

01

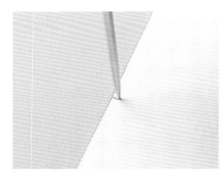

对齐纸型后便可用圆锥刺穿记号孔，以便在皮面层上压出记号。若力道过强可能会在皮料上凿出大孔，因此要多加留意！

02

03 上图为皮面层上标出的中心点记号。因使用圆锥压出的记号不会消失，所以记号必须标于磨整侧边后会被一起磨掉的位置上。

以相同的方式将全部的纸型转描至皮面层　　将所需的纸型全部转描至皮面层上，注意不可造成皮料的浪费。

仔细地将纸型一一转描至皮料上。

01

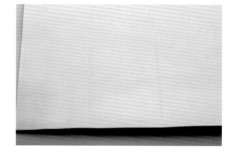

如左图所示，缩小零件间的间距可减少皮料的浪费，但裁切作业也会相对变难。因此，若对此较无自信，可稍微多预留一些空间。

02

Tip 侧边　皮料经过裁切后的切断面。

软革的描线方法

　　圆锥和铁笔不易于铬鞣革等软质皮料上留下痕迹，因此要使用银笔进行转描作业。不过皮料经银笔画过后便无法擦去笔迹，因此裁切时要沿着线条的内侧裁切，以除去笔迹。因为软质皮料朝任何方向皆可轻易弯折，所以在斟酌皮料的配置方式时试着轻轻拉扯皮料，以皮料的延展触感来辨别方向。另外，软质皮料较容易被拉伸，因此在拿取、使用时皆不可过度用力。

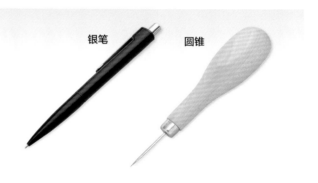

银笔　　圆锥

01 将纸型置于皮料上，以银笔沿着纸型周边描绘出轮廓线。须注意，不可让银笔跑进纸型内侧。

02 中心点记号不容易以银笔标注，因此要使用圆锥轻刺以标出。注意力道强度，以免刺穿皮料。

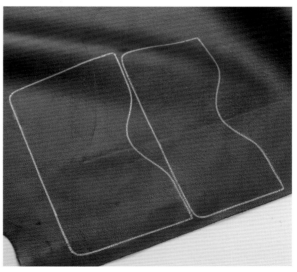

03 尽量缩小纸型间的距离以减少皮料的浪费。使用银笔绘制的线条较粗，因此要避免轮廓线的重叠。

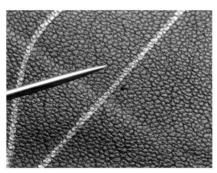

04 中心点记号。软革无法削整侧边，因此记号要尽可能地标得不明显。

☑ **CHECK**

沿着轮廓线内侧裁切，银笔的痕迹便会较不明显。由于银笔的线条较粗，所以以此方式裁下的零件尺寸会刚好等同于纸型的大小。

Tip 铬鞣革　使用盐基性硫酸铬鞣制而成的皮料。鞣制成本比植鞣低，性质比植鞣革软且具有优越的伸缩性与耐热性。

［名革珍革小档案 2］

狐狸皮 Fox

　　狐狸皮最常被用以制成皮草。狐狸品种繁多，除了有照片中皮毛特征为红橘色的"火狐"之外，尚有"蓝狐""银狐""影狐"等品种，且皆具有其独特的毛色。其中斯堪的纳维亚半岛产的蓝狐更因其毛色佳、易染色的特性而经常被使用于制作大衣、皮草围脖等服饰品以及皮包等配件。另外，狐狸尾巴的部分则会经常被用于制作装饰品等小物件。在皮革工艺中，运用狐狸皮等毛皮类皮料需要相当高的技法，但若是能够善加使用，便能做出质感优越的独特作品。

兔皮 Rabbit

　　兔皮自古以来便被视为防寒皮材，同时也为主流毛皮之一。兔皮被广泛用于制作服饰品，一般通称为"兔毛皮草"。兔皮种类繁多，较具代表性的有全白白兔皮、青灰色金吉拉兔皮、灰色芝麻兔皮、驼色兔皮以及偏黑的黑兔皮等。兔皮非常柔软且触感极佳，虽然表面绒毛长，但皮革部分非常脆弱，因此加工时须十分注意。使用时必须以锋利的美工刀等刀具自肉面层仔细切割，完成后还需贴至牛皮等较为结实的皮革上后才可使用。兔皮可用来制作包的翻盖或配件等较具活动性的零件，以彻底展现出其独特的质感。

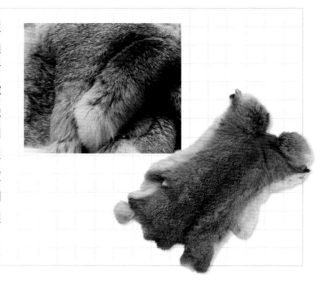

裁断

裁切是在实际使用的皮料上进行的，刀刃一旦切入，皮料便无法还原，因此裁断作业必须慎重、正确地进行。另外，为了裁切出漂亮的零件，刀具要配合各零件的用途与形状轮廓，变换运用。希望各位读者皆能掌握裁切皮料的技巧，并熟习至能够自由、灵活地裁切直线、曲线以及各种尺寸的零件。

正确的裁断方法

购买皮料之后，为了将其制成皮件，首先便要进行皮料的切割作业。初学者当然也可以直接购买已分切好零件的材料包，单纯地享受缝制皮件的乐趣。但是，若想要追求皮革工艺更深层的境界，想要创作出自己独特的作品，便必须经过将整张皮裁切成各种尺寸、形状的所需零件。裁切皮料的工具主要为裁皮刀和美工刀等，而各种刀具也皆有其本身的特性。单就裁切皮料而言，初学者使用美工刀可能会较容易操控。但是若能灵活运用裁切作业的各式刀具，便能裁出更漂亮、更正确的零件。只要掌握裁断的技巧，便能自由、灵活地裁切各式皮料。本章节将会对裁皮刀等各式裁断工具以及使用该工具进行裁切作业的方法做详细的解说。各种裁断工具也有其适合及不适合裁切的皮料与形状，因此希望各位读者在制作时可先参照各工具的项目说明，并熟习各工具的正确使用方法，以便帮助自己迈出制作个人作品的第一步。

认识裁皮刀

裁切皮料的标准工具为裁皮刀。首先，就从此标准工具的使用方法开始解说。其实只要习惯裁皮刀的使用方法并掌握其技巧，便能轻松地切割出比用美工刀的效果更加漂亮的直线、曲线等各种线条。因此，为了快点掌握裁皮刀的使用技巧，便要在此先行了解其相关的基本知识。当然，即使是曾经用过裁皮刀的人，也可大略浏览此章节中各项目的重点，或许对于裁皮刀会有新的认识。各种工具皆无硬性的使用规定，但是无论何种工具，皆有前人研发出来的最佳使用方式，而本章节即是针对该基本方式做进一步的解说。

裁皮刀（非换刃式）

30mm 与 39mm 宽平刃裁皮刀。首次购置可先选用 30mm 宽平刃裁皮刀，使用时会较为便利。39mm 宽的裁皮刀适合用于切割直线。

裁皮刀的握法　　为了使用的安全，接下来将会依序解说裁皮刀的握法与结构。

肘部要紧贴桌面，保持手腕向上弯曲的姿势，并同时握住刀柄下方。此姿势除了容易施力之外，也能提高裁切的稳定度。拇指要向上立起并压住刀柄上端。

用拇指以外的四指握住刀柄，以方便作业时使用指腹处移动刀具。此握法可避免刀具左右摇晃，因此能顺利进行切割。

裁皮刀的使用角度

若想切出漂亮的断面，必须先意识到刀刃的形状，并维持正确的角度。

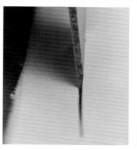
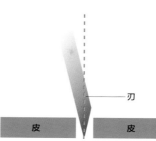

裁皮刀为单刃刀具，因此刀刃表面为倾斜的状态。将刀刃向外倾斜约刃角角度的一半，便能切出垂直的断面。

☑ **CHECK**

刀刃尖端表面的近照。作业时必须考虑到刃面倾斜的因素，以调整使用的角度。但须注意，倾斜角度不可过大，以免于肉面层侧产生逆向倾斜的切面。

若不考虑刀片的形状直接垂直裁切，断面也会随着刃面的角度形成斜面。断面若为非垂直状态，除了会导致零件尺寸错误外，侧边处理上也会变得较困难，因此要多加注意。

如图，若能意识到刃面的倾斜角度，维持正确的角度，便可切出皮革 A 的垂直断面；刀柄若是向内倾斜，则会切出皮革 B 向外倾斜的断面；刀柄向外过度倾斜，则会切出皮革 C 向内倾斜的断面。初学者可先利用零碎皮料进行练习，以找出最佳的裁切角度。

压切　下压裁皮刀以切断的方法。适合用于裁切直角处。

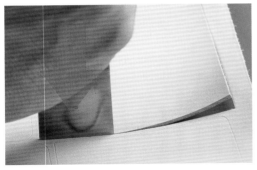 

由轮廓线的正上方压入整体刀刃，以切断皮料。在直线结尾处使用压切法裁切可比移动刀刃切得更为美观。

切割直线

使用全刀刃可增加稳定度。

使用前方的刀刃往自身方向拉切。作业时须注意，裁皮刀不可过度往前倾斜。尽量使全部的刀刃切入皮料中，如此便能稳固刀身，裁出漂亮的直线。

切割圆角

立起刃角便可顺利切出弧度较小的圆角。

如上图中的急弯圆角，要立起刀刃，以刃角切割。立起刀刃后，刀刃与皮料的接触面积变小，因此能够灵活地转弯。

切割曲线　顺应曲线状态立起、放平刀刃，便能顺利完成作业。

 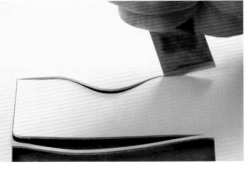

照片为切割名片夹的范例。曲线部分要立起刃角；直线部分则要放平刀刃，以扩大接触面积。只要能够灵活变换刀具的使用方式，便能切割复杂的形状。

Tip 轮廓线　将纸型转描至皮料上时，以圆锥等工具于皮料表面压出的凹线。

切割细部　　小锐角的部分要利用刃角切出。

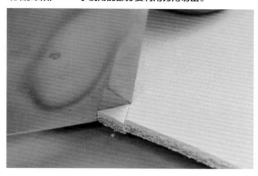

将刃角对齐顶点，压切其中一边，接着再于对侧以同样方式压切即可切出三角形切口。

切割需要贴合的皮革　　先贴合，后切割。

若为贴里衬的零件，必须先将两片皮革贴合后，再进行裁切。待黏合剂干燥后，将纸型置于贴合好的皮革上，使用圆锥等工具沿着纸型边缘画出轮廓线。

01

沿着纸型绘制出轮廓线后，用裁皮刀进行切割。

02

圆弧部分的处理方式同单张皮革一样，立起刃角，但因为皮革变厚，所以要稍微增加力道。

03

将两片皮革贴合后再进行裁切，便能切出上下平整的切断面。

04

Tip 里衬　将两片皮革的肉面层对贴，使其正反两面皆为皮面层的手法。里侧皮革多使用厚度 1mm 以下的薄质皮料。

裁皮刀的种类

　　裁皮刀可分成数种类型，根据不同的用途变换使用。用于裁切直线的刀刃平坦的款式为平刃裁皮刀。前页中使用的裁皮刀即为 30mm 宽平刃裁皮刀。其他还有适合裁切曲线的斜刃裁皮刀、类似雕刻刀状的细刃裁皮刀（使用细小的刀尖进行细部作业）等。初学者只需先购买平刃裁皮刀，并重复练习直到熟练即可，其余的刀款则可以等到有需求时再另行添购。

从左至右为 24mm 斜刃裁皮刀、30mm 平刃裁皮刀、39mm 平刃裁皮刀。需根据刀刃的宽幅与形状变换使用。

30mm 宽平刃裁皮刀
直线、曲线两用的基本裁皮刀。

尺寸适中，使用简单，可用于直线及曲线等各种线条的切割。切割直线部分要扩大刀刃接触面积，切割曲线部分则要缩小刀刃的接触面积。

39mm 宽平刃裁皮刀
幅度宽，直线安定性佳。

刀幅宽，切入皮革内的部分相对较长，因此刀刃稳定度高，可裁出漂亮的直线。但不适合裁切曲线。

24mm 宽斜刃裁皮刀　　**适合裁切圆弧等曲线部分。**

01 使用斜刃裁皮刀切割直线时，因刀刃本身为倾斜状态，所以即便不倾斜刀柄，也能使用全刀刃裁切。

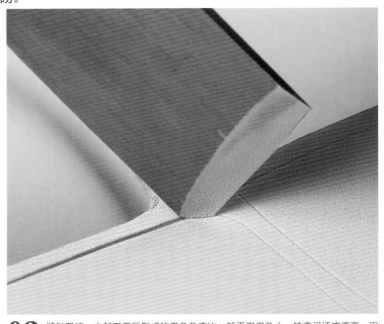

02 倾斜刀柄，立起刀刃后形成的刃角角度比一般平刃刀角小，转弯灵活度更高，因此能切出漂亮的小圆角。

略裁与本裁　　自大型皮料裁出零件时，先于轮廓线外侧进行略裁可方便作业。

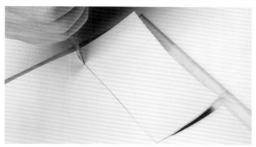 

先于轮廓线外侧将零件大致裁下称为略裁。进行略裁后，皮革转动较为方便，因此可轻松完成本裁动作。

01

完成略裁后便可自轮廓线正上方切入刀刃，以裁出各零件。作业时需注意直线与曲线的裁切方式的不同。

02

裁切软质皮料　　裁切铬鞣革或软质皮料时，双手的配合相当重要。

基本的裁切方式与硬质皮料相同，但是因为软革容易松弛，所以要用另一只手压紧皮料。另外，为了避免皮料在切割时被拉伸，所以需要先拉紧后再进行裁切。

01

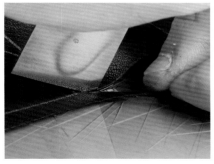

裁切曲线部分时需立起裁皮刀刀刃，以刃角裁切。另外，为了避免皮革松弛，要以另一只手轻轻拉紧外侧皮革，以便顺利进行切割。

02

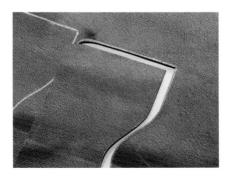

将皮革拉紧后再切割，便能按照轮廓线裁出正确的零件。由于使用银笔绘制的轮廓会比纸型大，因此需沿着轮廓线内侧进行裁切。

03

使用换刃式裁皮刀裁断

别裁与革裁的外形与一般裁皮刀相似，使用方法也很相近。因其为换刃式裁皮刀，故当刀片变钝时可进行替换。换刃式裁皮刀固定刀片的方式极为简单，因此只要将新刀片插入主体，拧紧螺丝即可。一般的裁皮刀必须定时磨刀以维持锋利，而别裁与革裁等只需替换刀刃即可，因此相对较为便利。

换刃式裁皮刀（别裁）

因刃表与刃背的倾斜角度不同，所以替换时需注意安装方向。

换刃式裁皮刀（别裁）的使用方法　握取方式大致上与裁皮刀相同，主要用于裁切直线。

手腕向上弯曲握住裁皮刀，以使手肘贴紧桌面，并用手掌部分握住刀柄下侧。拇指向上立起，自柄头垂直往下压。

别裁的倾斜角度比裁皮刀小，由正面看只需略微偏向外侧即可。

 CHECK

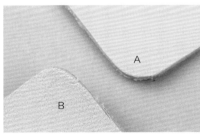

别裁的刀刃较宽，因此较不容易裁切圆角等弧度较大的部分。使用别材裁切圆弧时须与裁皮刀一样，立起刀刃，使用刃角裁切。左图中 A 为使用裁皮刀裁切的圆角，B 为以别裁裁切的圆角。

换刃式裁皮刀（革裁）的使用方法　基本使用方法与别裁相同。

革裁与别裁同样为换刃式裁皮刀，但革裁材质较好，因此能进行更稳定的裁切作业。

革裁握柄较短，容易握取，拇指较易施力，因此可稳定地进行裁切。

刀尖可掌控性高，并可替换成斜刃刀片，因此能切出漂亮的圆角。

使用美工刀裁断

　　美工刀并非皮革工艺中的专业工具,但却是初学者最容易驾驭的工具。美工刀能完成一般的裁切作业,但不像裁皮刀那样讲求技巧性。因此,对于尚在适应皮料的初学者而言,使用美工刀会较方便进行作业。当然,高阶段的工艺师们也会视情况变换使用两种刀具,因此只要选用较方便的工具即可。另外,美工刀也为换刃式刀具,所以能够常保新品般的锋利度为其优点之一。

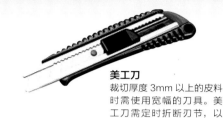

美工刀
裁切厚度 3mm 以上的皮料时需使用宽幅的刀具。美工刀需定时折断刃节,以保持其锋利度。

切割直线

放平刀刃,提升稳定度。

美工刀刀刃的尖端无法固定,若由上方施力,刀刃便容易摇晃。因此,在切割长直线时可配合量尺使用。另外,美工刀若推出过多刃节,可能会发生弯曲、折断的情况,因此仅推出一格使用即可。

切割曲线

立起刀刃,慢慢沿线切割。

立起刀刃尖端,切割曲线。若太过随性地使用刃尖,则容易摇晃,因此要慎重地移动刀刃。

☑ **CHECK**

若想使用美工刀切出漂亮的曲线,可先将零件大致裁下,再将多余的边裁去,之后再分成数次慢慢裁出圆角即可。

使用皮革专用剪刀裁断

　　裁切铬鞣革等薄质皮料时,使用皮革专用剪刀裁剪会较为便利。裁剪方法与剪布方法相同,沿着轮廓线剪裁即可。使用裁皮刀裁切薄质皮料时,可能会因皮料松弛导致裁切线紊乱。而使用剪刀能避免此种情况发生,进而剪裁出漂亮的线条。剪刀的使用方法为裁剪直线部分时使用整段刀刃,而裁剪曲线或细小的部位时则剪动小范围的刀刃即可。善加运用各种刀具,便能按照轮廓线裁出漂亮的线条与形状。

皮革专用剪刀
使用皮革专用剪刀裁剪软质皮革相当便利。

▶ **裁剪直线**

直线部分需要使用大范围的刀刃。

▶ **裁剪曲线**

曲线部分需要使用正中央的刀刃部分。沿线轻轻剪动刀刃,以裁剪出曲线。

裁皮刀的保养方法

为了维持裁皮刀的锋利度，则要进行磨刀。但很多人不清楚该如何磨刀，该于何时磨刀。另外，事先了解裁皮刀所谓的"锋利状态"为何种状态也非常重要。因为只有了解了何为锋利的状态，才能实际意识到刀具的研磨时间以及磨刀的必要性。此处将会以基本磨刀法为中心对裁皮刀的保养方法加以解说，希望各位读者能够认真学习。

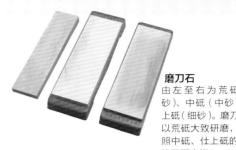

磨刀石

由左至右为荒砥（粗砂）、中砥（中砂）、仕上砥（细砂）。磨刀须先以荒砥大致研磨，再依照中砥、仕上砥的顺序将刃面磨细。

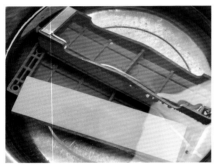

将磨刀石浸于水中，使其内部吸饱水分。

01

首先要使用荒砥。铺上毛巾等布后，放上磨刀石，以避免磨刀石滑动。

02

倾斜刀刃，作业时应维持整片刀刃皆能与磨刀石接触的角度。将刀片向外推出时要同时施力。研磨的过程中，刃背前端会产生卷刃现象。

03

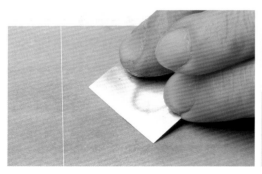

换以中砥继续研磨。配合利刃的角度倾斜刀刃，使整片刀刃贴齐磨刀石。

04

Tip 磨刀石　研磨刀具的工具。过去一般使用天然石块磨制，现在则以人造磨刀石为主。

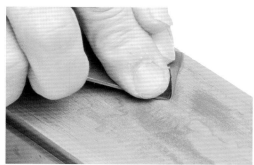

换以更细的仕上砥继续研磨。此处只需将前端斜面刀刃上布满的磨刀纹慢慢磨细即可。作业时使用整面磨刀石进行研磨。

05

待刀锋变利后即可翻至刀面的另一侧继续研磨，以磨平前端的卷刃部分。此步骤称为"全面研磨"。轻轻将刀锋尖端贴齐磨刀石后便可进行研磨。

06

☑ **CHECK**

若刀刃与磨刀石的角度过大，会形成只有部分利刃与磨刀石接触的情况，从而导致刀刃的磨损。因此要确实固定手腕，并以相同的角度进行研磨。

作业时斜面完全贴齐磨刀石，刀刃上便会形成相同大小的磨刀纹。

完成后不可触碰刀刃尖端。除了避免受伤之外，也要防止刀刃因皮脂的关系而失去锋利度。

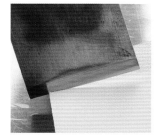

07 使用零散皮革确认锋利度。应确认刀刃是否能够轻易地切入皮革内，以及是否能够轻易削去拿于手中的皮革。

☑ **CHECK**

裁皮刀一旦变钝，裁切硬质皮料时，皮革便会如同左图般向上翘起，无法顺利推进刀刃；而裁切软质皮料时，则会如同右图般产生褶皱。

Tip 磨刀纹　使用磨刀石研磨刀刃尖端后，于刀刃表面留下的痕迹。经过正确研磨的刀刃尖端，其表面的磨刀纹方向会一致。

皮革磨刀板的制作方式与使用方法

　　皮革内含有单宁等物质，这些物质附着于裁皮刀上，便会让刀刃渐渐变钝。另外，在同一项作业中，开始前与完成后的刀片锋利度有时也会改变。因此，此处即要介绍能够使刀刃在作业中维持锋利度的简易保养工具。相较于无进行保养的刀刃，若是在每次使用裁皮刀前轻轻将刀刃滑过皮革磨刀板，便能借由研磨剂的作用，去除附着于刀刃表面上的单宁等物质，延长刀刃锋利度的寿命。皮革磨刀板不占空间，因此在进行皮料裁切作业时可置于手边，并养成在裁切后使用磨刀板保养刀具的习惯。

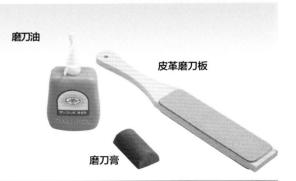

磨刀油

皮革磨刀板

磨刀膏

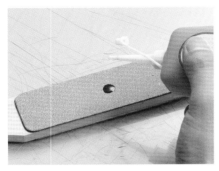

滴 1~2 滴磨刀油于磨刀板的榔皮上。

01

于榔皮表面擦入磨刀膏。先自磨刀油处擦入，再慢慢扩展至整面磨刀板。

02

☑ **CHECK**

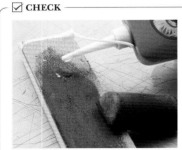

若磨刀膏变得不易推散，则需慢慢地加入少量油脂。须注意，不可滴入过多的磨刀油。

于整面榔皮上均匀擦入磨刀膏。

03

将裁皮刀刃表朝下贴齐磨刀板，并以单一方向用力研磨。作业时注意维持相同角度，使刀刃斜面完全贴齐磨刀板。

04

完成后不可触摸刀刃，要以毛巾或抹布等擦去沾于刀上的研磨膏碎屑。

05

Tip 单宁　为自植物中萃取出的涩质，于鞣革时使用。鞣制后的皮革中会残留此种物质，且进行裁切时会沾于刀刃上。

削薄

皮料经过重叠缝合后，自然会产生厚度。除此之外，无论作品中是否有重叠缝合皮料，都会有希望变薄的部分。因此，不希望有厚度的部分便需要进行"削薄"作业，借由削去皮革的肉面层，以达到所希望的厚度。此章节将会介绍各部位的削薄方法和不同用途的削薄方法，以及削薄作业中各工具的使用方法。

皮革削薄的种类与方法

皮革削薄是刨削皮革肉面层，以使其变薄。借由削薄可抑制皮革在贴合后、重叠后所增加的厚度。另外，削薄反折的部分也能避免作业完成后增加厚度。皮革削薄大致上可分成整面削薄和部分削薄，其中整面削薄为于整片皮革面上平均施以削薄动作的方法。此种削薄作业必须使用专业皮革削薄机，因此通常会在购买皮料时委托材料行或批发商代为削薄。一般材料行内也有售卖 0.5~1mm 的各种厚度的同种皮料，此为材料行与批发商根据预估顾客所需厚度，事先削薄以提供选购的成品。整面削薄以外的种类皆属于部分削薄，个人可使用裁皮刀或削薄工具进行削薄作业。有无进行削薄加工对于成品的质感与使用舒适度皆有莫大的影响，因此要善加运用各种削薄工具，以期做出高质量的作品。

削薄的种类

皮革本身的厚度称为"原厚"，有时可达 3~4mm。因此在准备皮革材料时，要根据该零件为外侧零件或内侧零件而选用不同厚度的皮料，此即意味着必须改变整片皮料的厚度，因此要对皮料进行整面削薄加工，将整片皮料平均削成所需的厚度。皮革削薄可细分为斜面削薄、段差削薄、中央削薄、整面削薄 4 类，除整面削薄外，其他 3 种皆是为了提升作品质量，使作品外观更为美观等而衍生出的技巧。削薄加工会运用在手缝缝份、车缝缝份、缠边缝份与反折等各种部位。另外，作品中需要重叠、缝合、凹折皮革的部分也都必须施以削薄加工，如此才能避免产生不必要的段差或厚度，避免影响到作品的质量。因此请务必要学会各种削薄的技巧。

斜向削薄
朝向皮革外侧削出斜面。

重叠皮革缝合时，可借由斜向削薄抑制厚度的产生。由内向外，渐渐变薄。

段差削薄
于皮革边缘削出段差。

使用于需要凹折边缘时。借由段差削薄可抑制反折后所形成的厚度。

中央削薄
借由削薄外折处，使皮革产生柔软性。

类似挖沟的削薄方式。在需要做出折线或是折角时使用。借由中央削薄，可使厚皮革较容易弯曲。

整面削薄
将整片皮革削成相同厚度的削薄方法。厚度可进行设定。

削薄整片皮革的肉面层，以达到相同厚度的削薄方法。若无专业机器，则较难以办到，可在购买皮料时委托商家代为削薄。

各种削薄方法

接下来对各种削薄方法进行一一解说。整面削薄因为需要使用皮革削薄机，所以在此只稍微介绍其作业流程。以下各种削薄技巧皆为提升作品质量、打造漂亮外观的重要技能，因此请务必熟习运用。为了能够顺利进行作业，最重要的即为确保刀具处于良好利度的状态下。另外，皮革若削得过薄，其强度也会变弱，因此要多加留意。作业时，须先在脑海中想象出成品的模样，再依照处理部位选用适当的削薄方式进行加工。

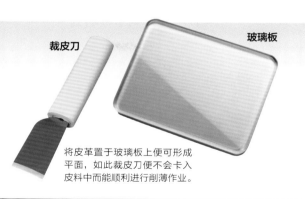

裁皮刀　　　　　　　　　　　**玻璃板**

将皮革置于玻璃板上便可形成平面，如此裁皮刀便不会卡入皮料中而能顺利进行削薄作业。

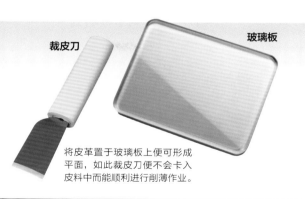

段差削薄　　将刀刃深入皮革边缘以削出段差。

作业时，为了做出平面，防止刀刃卡入皮料以顺利滑动刀具，必须于玻璃板上进行。

01

02 将零件翻至肉面层并置于玻璃板上，找出需要削薄的部分。直线部分可使用量尺与圆锥画出记号线。此处需要削薄边缘 10mm 宽。

03 将裁皮刀的刀锋平行深入记号线的凹槽。刀刃的斜面须朝下。

04 自皮革边角伸入刀刃，接着稍微向斜侧移动以改变刀刃方向，并推入皮革内。

05 接近侧边时需放倒裁皮刀，感觉刀锋有些许浮起，便可向外完全推出。须注意不可立起刀刃，以免切到皮面层。

将整条边整理成相同的厚度。经过削薄的侧边切口会产生毛絮，这些毛絮即为被刀刃推出后散开的边缘纤维。

06

使用裁皮刀削去外侧的纤维。将刀刃的斜面朝下轻轻贴齐切口（不可切入皮革）以削去纤维。

07

Tip 反折　　将边缘反折约 5mm 宽，使侧边两面皆为皮面层。反折后除了可增加侧边的强度，也可使外观更漂亮。

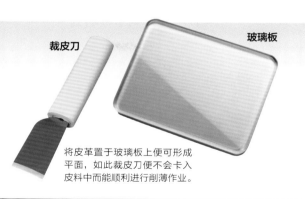

削薄

斜向削薄　朝向皮革外侧削出斜面，使其成渐薄的状态。

将皮革置于玻璃板上，于肉面层侧画出记号线。将裁皮刀刀刃斜面朝下，顺着记号线沟槽切入皮革中。

01

固定角度，滑动刀刃，慢慢将刀锋向外推出。

02

采取分次削薄，以做出向外的均等斜面。皮革边缘的厚度需要根据用途及部位于最初下刀时以不同的角度进行调整。

03

使用裁皮刀削去边缘上散开的纤维。尽量放倒刀刃以免切入皮革内。

04

中央削薄　若使用裁皮刀进行作业，大致上相当于进行 2 次段差削薄。

01 于对折部分画出中央线，再于两侧各画一条削薄用的基准线。接着将裁皮刀的刀刃沿着基准线切入皮革内。

立起刀刃，将刀锋深入基准线中并切至中央线。接着放倒裁皮刀，以缩小角度，并同时切出。

02

以相同的方式将刀锋切入另一侧的基准线，并慢慢放倒刀刃以削至中央线。

03

将刀刃推至对侧的切面。借由自两侧的基准线向中央削出切面，便能完成类似沟槽状的削薄作业。

04

依据目的变换削薄方式　　此处针对范例中所使用的各种削薄方式进行目的性的解说。

▶ 斜向削薄

左图中为未经削薄加工的重叠皮革。右图中的上侧皮革则为经过斜向削薄后的皮革。由此可知削薄可抑制重叠后侧边的厚度。

▶ 段差削薄

01 将削出段差处反折。使用磨边器压折边缘以做出折线。

02 于反折的部分均匀地涂上生胶糊，并待其至半干燥状态。

03 沿着折线将边缘反折。用力加压以免皮革浮起。

使用磨边器的尖端压紧反折处。

04

05 借由段差削薄可抑制反折处的厚度。若削去原皮革厚度的一半，便能完全消除厚度段差。

▶ 中央削薄

左图为将经过中央削薄后的皮革对折的状态。经过削薄加工的皮革较容易折出折痕。

各种削薄工具

虽然只要有一支裁皮刀便能应付各种削薄需求，但是使用专用削薄工具可以让作业变得更轻松。但是无论是使用何种工具，维持其刀刃的锋利度皆为不可或缺的必要条件。此处介绍的各种工具中也有属于可换刃式的刀具，待其变钝后即可借由更换新刀片的方式维持利度，因此非常方便。

刨刀

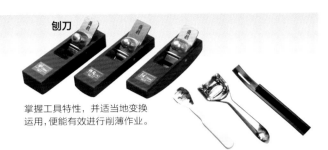

掌握工具特性，并适当地变换运用，便能有效进行削薄作业。

削皮刀 / Super Skiver 削薄刀 / 安全削薄刀（从左至右）

安全削薄刀　　拥有宽面刀刃的简易削薄工具。

以欲削薄的角度斜放于皮革边缘，维持固定角度由外往内自己的方向拉刨。须注意，不可过度立起刀刃。

安全削薄刀在更换刀片时，用一字螺丝刀的平面压住刀片尾端以便推入或推出。安全削薄刀与 Super Skiver 削薄刀使用的刀片相同。

Super Skiver 削薄刀　　与安全削薄刀一样拥有宽面刀刃。使用方式为由外向内刨削。

01 斜置于皮革边缘上，维持固定角度并由外向内朝自己的方向拉刨。须注意，不可过度用力，以免刀刃过度深入皮革挖出深沟。

用于在背带带扣等处削出大型段差。刀刃幅度宽，较容易平均削薄。

02

削皮刀　　刀面宽幅较窄，但便于刨削限定范围的皮革。

削皮刀的刃幅比其他工具狭窄。使用时要斜置于皮革上，并维持固定角度，由外向内朝自己的方向拉刨。

01

将皮革置于圆形物品上，以向上凸的状态进行作业，便能轻松削薄中央部分。

02

刨刀　3 种不同类型的刨刀可配合用途变换使用。

平底型　内R型　船弧型

01 平底型与船弧型刨刀适合用于斜向削薄与段差削薄，内 R 型则适合用于中央削薄。

02 用船弧型刨刀进行斜向削薄时，要平行贴于记号线，并以固定的力量压住刨刀，往自己的方向拉刨。

03 使用内 R 型刨刀进行中央削薄，便可借由刀刃形状自然削出圆弧。

使用皮革削薄机进行整面削薄　使用皮革削薄机，可设定期望厚度与幅度以进行削薄作业。

Craft 学园中使用的皮革削薄机为专业人士爱用的日本西山制造所制的削薄机。自内侧伸出的机械手臂上附有可调整宽幅的压脚。

01

压脚安装于机械手臂上。其款式相当多，可进行各种幅度和方式的削薄作业。

02

03 将皮革肉面层朝下，放于机台上。将皮革插入压脚与下方旋转的刀刃之间，便能将肉面层削成预设的厚度。

04 换用不同的压脚并调整设定，便能进行各种幅度的削薄作业。

05 换用不同的压脚削薄皮革。上中图可看出肉面层两部分的颜色不同，颜色较深的部分即为经过削薄作业后变得较薄的部分。

06 变换皮革的位置反复进行作业，如此便能将整片皮革削薄。

[名革珍革小档案 3]

马臀皮 Cordovan

　　马臀皮是由马臀部皮的"Cordovan 层"所制作
而成的皮料。马臀皮的原皮须经过植鞣制后再削去皮
面层与肉面层，并经过精细加工作业营造出光泽感。
Cordovan 层的特征为具有极为细密的胶原蛋白纤维
组织，且皮质强韧，兼具柔软性。马臀皮稀少、价高，
且有美丽的色泽，为世界闻名的高级皮革。因其出众
的耐用性与质感，多被用于制作鞋靴或皮包等用品。
另外，左右臀部未经分切的马臀皮因其形状特征，又
被称为"眼镜"。虽然马臀皮为珍贵皮料，但是一般大
众基本上还是能够购买到，因此也可以运用于皮革工
艺的制作中。若能运用马臀皮制作皮夹、名片夹等小
配件，必定能够打造出兼具优良质感与品位的作品。

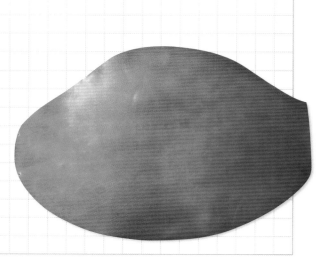

肉面层与侧边的最终加工作业

植鞣革的肉面层与侧边需要经过磨整加工，以抑制毛糙，而此项作业是影响成品完成度的重要因素之一。尤其是侧边的磨整加工对作品质量有巨大的影响力，因此希望各位读者能够熟习磨整加工的要诀，以做出漂亮的侧边。若欲制作美丽的侧边，则需正确的知识与经验的累积。

肉面层与侧边状态影响成品质量

皮革的肉面层若不经任何处理，便会产生毛糙。而放任毛糙部分，不妥善处理，则容易加速皮革的损伤，并影响使用舒适度。虽然有部分作品会特意保留毛糙部分，但基本上皆会用床面处理剂等抑制毛糙。以刮刀蘸取适量床面处理剂后涂布于肉面层，以玻璃板等工具进行摩擦加工。另外，与肉面层同样需使用床面处理剂进行加工的部分还有被称为"侧边"的皮料裁断切口处。侧边部分需先削去正反两面的边角，并以研磨工具成形，完成后才可涂上

床面处理剂，进行磨整加工。侧边部分的磨整加工对作品质感具有相当大的影响，因此必须尽可能地磨整漂亮。另外，侧边除了有以单张皮革进行加工处理的形式之外，也有将数张皮革缝合后再一起进行磨整的形式。而后者必须注意削边方法等要点，可以参照第 119 页的解说。但须注意，某些侧边经过缝合后便无法进行磨整作业，因此必须考虑作品的设计，决定磨整的时间点。

侧边的削边作业

侧边的削边作业需使用称为"削边器"的专业工具。而削边器又有不同的尺寸，因此应根据皮革的厚度选用适当的削边器。另外，侧边上可切除的角度是固定的，若作业角度不正确，则无法完全削去边角。要将削边器对准侧边，并维持在可切除的角度上，以推动的方式进行削边。KS 削边器的刀刃若变钝，可以用 1 000 号的砂纸卷住研磨片，对刀刃进行研磨。

削边器

基本款削边器可分为 #1 与 #2 两种尺寸。#1 的刃口较窄，#2 的刃口较宽，需依照作品的氛围及厚度选用合适的尺寸。

KS削边器

型号有 #1（0.8mm）~#4（1.2mm）。

使用削边器的基本削边方法　　侧边处理作业是从削边开始的，因此要牢记削边器的使用方法。

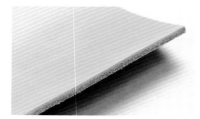

只经过切割的侧边。切割后的侧边呈现直角状态，且肉面层侧有明显的毛糙。

01 将削边器刀刃贴齐侧边边角，并深入侧边。注意刀刃角度。

02 刀刃切入侧边后要维持该角度，并以推动的方式削去侧边。

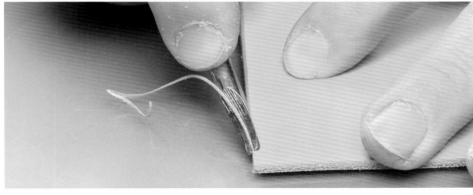

削边器的使用关键在于刀刃的角度。维持可削切的角度，再往前推动，便能顺利削去一定的边角。而若是偏离该角度，刀刃便会停住或削歪。

肉面层也要以同样方式削去边角。肉面层的皮屑并非如皮面层般的完整条状。左图为分断削切的方式，因此途中不能改变刀刃角度。

03

皮面层与肉面层皆已削去边角的状态。接着以研磨片等工具将其磨至平滑。

04

不同尺寸的削边器的差异性　以不同尺寸的削边器进行削边，比较看看各尺寸的效果差异性。

01 #1 与 #2 削边器的比较。上方为 #1，下方为 #2。

02 最上层为未处理的皮革，下方依序为经过 #1、#2 削边器处理的皮革。相同厚度的皮革经过处理后会呈现不同的氛围。

03 KS 削边器 #1 与 #4 的比较。可依照个人喜好决定将削去边角的深度。

肉面层与侧边的最终加工作业

使用研磨工具整理侧边形状

经过削边器削边的侧边要使用研磨工具磨整成圆弧状。研磨工具应选用研磨片或三用研磨器等能够确实保持平面的工具，以便磨去削边器造成的段差，将侧边磨整成圆弧状。若磨整角度过大会使肉面层变得不结实，因此只需将削边痕磨顺即可。不过，侧边成形的程度也与制作者的喜好有关，因此可以多尝试几种方法，找出个人独特的风格。

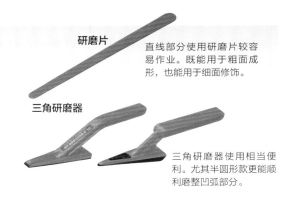

研磨片

直线部分使用研磨片较容易作业。既能用于粗面成形，也能用于细面修饰。

三角研磨器

三角研磨器使用相当便利。尤其半圆形款更能顺利磨整凹弧部分。

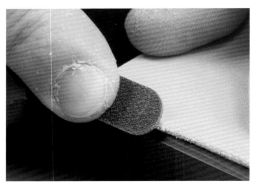

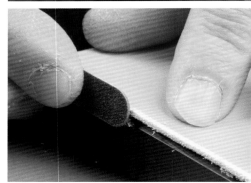

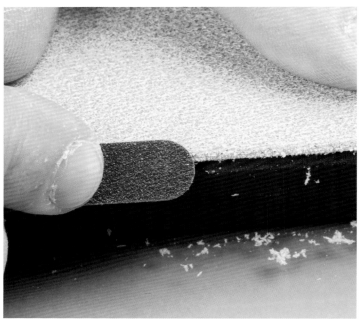

使用研磨片磨整侧边，使其成圆弧状。为了使侧边平滑，研磨片要均匀地贴齐于侧边。

使用研磨片成形的侧边。在此处先磨出基本的侧边形状，再以床面处理剂进行最终磨整。

Tip 生胶片　将生胶凝固并压成薄片状的材料。生胶片原本属于缓冲材，但在皮革工艺中则常用于剥除橡胶系黏合剂以及清理研磨片。

使用处理剂进行肉面层与侧边的最终磨整

接着为使用床面处理剂进行肉面层与侧边的最终磨整作业。市面上有各种各样的床面处理剂，而每种处理剂的使用方法与完成质感也多少会有些不同。最常用到的处理剂为可以直接使用的无色床面处理剂，因此此将以此种床面处理剂为主，进行作业流程的介绍。肉面层与侧边若无妥善处理，成品则会提早受损。因此，若想制作高质量的皮件，此作业便极为重要！

三用磨边器

玻璃板

床面处理剂

床面处理剂为无色透明的液体，是使用范围最广的处理剂。三用磨边器可用于肉面层与侧边的磨整，玻璃板则只适用于肉面层的磨整。

肉面层的基本处理方法　使用床面处理剂修饰肉面层。肉面层磨整作业需使用玻璃板。

以手指蘸取适量的床面处理剂。过多也不好，因此要注意使用量。

01

先以手指稍微推开，再以上胶片将床面处理剂抹于整面肉面层上。

02

03　尽量将床面处理剂抹匀，并擦去多余的床面处理剂。

使用玻璃板磨整肉面层。要随时调整力道，以免过度用力，导致皮革拉伸。

04

☑ **CHECK**

左侧为处理前的肉面层，右侧为处理后的肉面层。可以看出处理后的肉面层较具光泽感。应打磨至皮革呈现出此光泽为止。

给侧边涂抹床面处理剂　因侧边面积狭小，所以要小心涂抹，以免涂至外侧。

以棉花棒蘸取床面处理剂。若蘸得过多，则易流至外侧，因此要注意蘸取量。

01

于侧边上涂抹床面处理剂。若涂至外侧，则立刻用布擦拭干净。

02

☑ **CHECK**

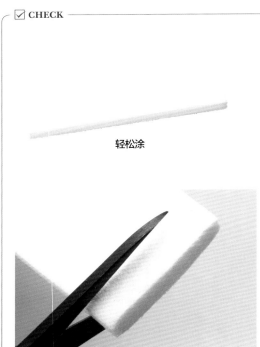

轻松涂

能降低涂抹床面处理剂和染色作业困难度的"轻松涂"工具。"轻松涂"可均匀地涂抹液体溶剂，使用时要剪成适当的大小，以铁夹等夹住后使用。以"轻松涂"蘸取溶剂后便可均匀地涂抹于侧边上。

磨整侧边　给侧边涂上床面处理剂后，以三用磨边器磨整修饰。

将皮革置于胶板边缘处，自肉面层侧进行打磨。作业时需稍微碾压表面以压紧纤维。

01

肉面层完成后即可翻至皮面层，以同样的方式碾压磨整。纤维会呈现向中央紧缩的感觉。

02

POINT

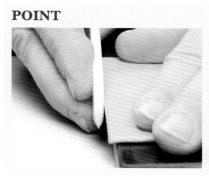

最后自侧边的方向进行磨整。经由三方磨整可使侧边周围的纤维更为紧密。

03

将侧边磨成圆弧状。确实磨整后，侧边也会如肉面层般呈现出光泽感。作业时要注意力道，以免过度用力，压扁侧边。

04

对于较薄的皮革，可使用三用磨边器的沟槽进行最后的侧边方向磨整。应选择适合该皮革厚度的沟槽。

05

侧边完成的状态。拥有自然的弧面与光泽。因皮料本身的厚度和因重叠多张皮革而导致厚度改变的侧边，基本上处理方式相同。

06

☑ **CHECK**

试着比较一下侧边的完成质感。最下方为只经裁切的状态，往上依序为以削边器削边后的状态、以研磨工具成形后的状态、使用处理剂磨整后的状态。如此便能清楚地了解各步骤处理后的状态。

其他侧边磨整工具　此处将要介绍三用磨边器以外的侧边磨整工具及其使用方法。

▶木制磨边器（樱丸）

木制磨边器无弹性，因此比三用磨边器更易施力。

将磨边器贴齐胶板边角以使其安定，接着使用平面部分依序磨整侧肉面层侧、平面层侧。

使用适当宽度的沟槽将侧边磨成圆弧状。要注意纤维有无紧缩，以免侧边散开。

▶侧边磨整用帆布

☑ CHECK

使用帆布时，因能灵活地调整力道与方向，所以可将侧边磨出美丽的光泽。

将帆布剪成适当的大小，用手指的接触面调整角度以进行磨整。磨整顺序与三用磨边器相同。

趁处理剂尚有水分时磨整侧边，单宁成分才会浮出，使侧边转为深色。

制作 CMC　粉状 CMC 须于使用前以水溶解成液体。

使用粉状形态的 CMC 时，需先将所需分量溶解成液体后再使用。使用方法与床面处理剂相同。

01 CMC 一般是以"3g 粉末：200ml 水"的比例溶解成液体状使用，但浓度可依照个人习惯稍做调整。

02 慢慢加水以溶解 CMC。使用热水可较容易溶解。

03 CMC 溶于水后会慢慢变成糊状。沉淀的部分约静置一夜即可完全溶解。

04 以 3gCMC 对 200ml 水溶解成的液体。

使用染料为侧边上色修饰　若想以染色修饰侧边时，需要在涂抹处理剂前上染料。

皮革用的手工艺染料。可少量分次倒于小碟中使用。涂抹时可使用棉花棒或"轻松涂"等工具。

01 用铁夹固定"轻松涂"后蘸取染料。"轻松涂"可均匀地释放染料，为最适合此作业的工具。

02 不可一次涂过，需分次重复涂抹，慢慢染上颜色。为了避免产生色斑，必须均匀地重复涂抹。

☑ **CHECK**

须注意，在涂染料的过程中，若手停下，便会于该处溢出染剂。染料若如右图中涂至外侧，便无法再复原，因此要多加留意。

03 完成染色后便可涂上床面处理剂。接下来即为一般的侧边加工作业。

04 以三用磨边器依序磨整肉面层、皮面层、侧边，使其呈现圆弧状。

05 经过染色修饰的侧边，呈现出紧致感。

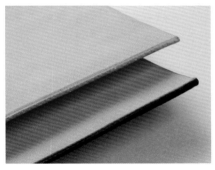

原皮料直接磨整的侧边与经过染色修饰的侧边比较。两种风格品位不同，因此是否决定染色全视制作者的偏好。

06

☑ **CHECK**

使用处理剂磨整经染料染色的侧边时，涂抹或打磨处理剂的工具可能会染到颜料。若有此情况，则该工具便不可再使用于其他颜色的侧边上。

Tip 染料　皮革染色用的液体。皮革主要使用的为盐基性染料或酒精性染料，另外也有膏状染料。

使用床面染剂处理肉面层与侧边　　床面染剂为可于磨整的同时进行上色的处理剂。

床面染剂的使用方法基本上与床面处理剂相同。其既可抑制毛糙，又能染上自然的颜色。可分为淡染的无色款和确实着色的茶色款两种。

使用刮刀均匀涂抹于肉面层，再以玻璃板打磨。须注意，不可涂至皮面层，避免染色。

01

侧边需要使用"轻松涂"或棉花棒涂抹。此处也须注意，不可涂抹到皮面层。

02

先以磨边器磨整，再以帆布做最终的修饰磨整。磨至出现光泽感即作业完成。

03

☑ **CHECK**

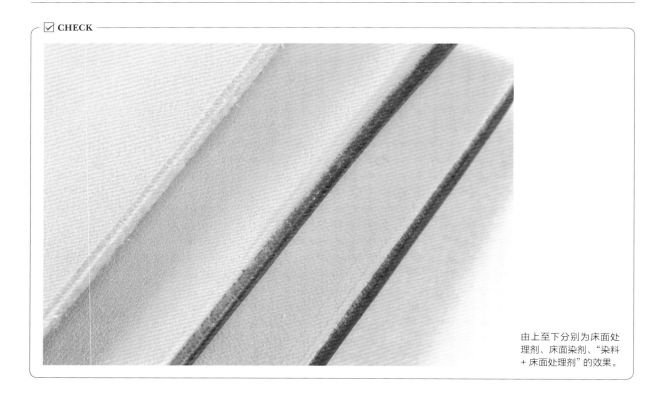

由上至下分别为床面处理剂、床面染剂、"染料 + 床面处理剂"的效果。

使用 ORLY 染剂磨整侧边

可给侧边上色、添加光泽的 ORLY 染剂，必须涂抹 2 次后再进行磨整。

ORLY 有黑、焦茶、茶红、白、红、无色等款式。其不被皮革纤维吸收，因此会于表层形成保护膜，使得成品显色效果佳且具有光泽。

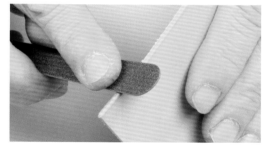

先用研磨工具磨整侧边以成形。

01

使用"轻松涂"、棉棒等工具蘸取搅拌均匀的 ORLY 染剂，涂于侧边。若不搅拌均匀会产生色斑，因此要多加留意。

02

以将 ORLY 置于侧边上的感觉涂抹。因需涂抹两次，因此可视第一次为打底动作，不可涂得过厚。

03

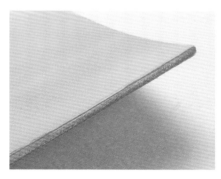

完成第一次的涂抹后要待其完全干燥。若未等完全干燥便进入下个作业，辛辛苦苦涂好的 ORLY 便会剥落。

04

待 ORLY 完全干燥，便可使用研磨工具整理表面。使用研磨片时应以细面侧轻轻刨削表面，以整理出平面。

05

侧面整理完毕后便可涂上第二层 ORLY。因已完成打底，所以会比第一次容易涂抹，颜色也会更加鲜明。作业时应避免产生色斑或凹凸。

06

完成第二次的涂抹后便不用再做特别处理，只需待其彻底干燥，即可大功告成。成品的颜色附着度比染料佳，且拥有独特的光泽感。

07

[名革珍革小档案 4]

 象皮 Elephant

象皮的纤维粗大，但却紧密且结实。根据采用部位不同，象皮具有各种不同的厚度。象皮表面可看到特殊的皱纹与细粒状突起，因此具有其他皮料所没有的独特质感。右图为大象耳朵部分的皮料。大象鼻子与身体部分的皮料具有完全不同的氛围，相当有趣。

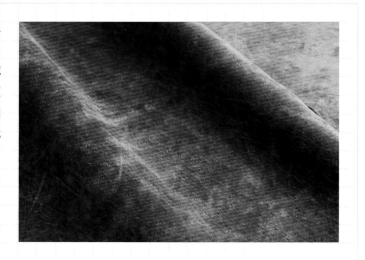 河马皮 Hippo

非常稀少的皮料。或许是因为河马水栖动物的形象，大家常认为其皮表为湿润、光泽的质感。但其实河马皮为类似天鹅绒的短毛起毛质感。这是因为在鞣制河马皮时，就已经去掉表层的部分。另外，仔细观察河马皮可发现其有细小的网状纹，就质感而言河马皮拥有非常优质的氛围。

黏合

缝制皮革时一般皆会事先以黏合剂暂时将皮革固定。黏合剂有许多种类，因此要依据贴合的部位变换使用。黏合部分会影响到作品的质量好坏。黏合剂若涂得过厚，称为"胶层"的层面则会产生侧边，因此必须涂得薄一些。在此希望各位读者能够认真学习涂抹的方法。

裁出所需零件，完成组装前必须处理的侧边修饰后，便需稍微黏合零件以作为缝合时的暂时固定。皮革工艺中使用的黏合剂大致可分为 3 类，且皆有其各自的特性。最基本的黏合剂为以白胶为代表的醋酸乙烯（聚醋酸乙烯）树脂系黏合剂。此类黏合剂须趁干燥前贴合，因此必须迅速作业。不过因其尚有流动性，所以贴合后可调整位置。以强力胶为代表的合成橡胶系黏合剂则须于半干燥的状态下贴合。不过此类黏合剂一旦贴合便无法移动，因此必须

慎重确认位置。另外，天然橡胶系的黏合剂则须于完全干燥后再贴合。天然橡胶系黏合剂与合成橡胶系黏合剂相同，贴合后便难以修正。不过，无论使用何种黏合剂，在贴合后皆需使用推轮等工具加压。某些制作者喜欢依照自己的喜好选用胶类，但也有制作者习惯根据作品部位选用最适当的胶剂。因此可先实际使用一下各类胶剂，再思考出属于自己的使用方法。

使用聚醋酸乙烯系黏合剂黏合

以白胶为代表的醋酸乙烯（聚醋酸乙烯）树脂系黏合剂在贴合后可调整皮革的位置，因此很适合初学者使用。相对地，此类黏合剂若在贴合前干燥，即会失去黏合力。因此，若为进行大面积的贴合，便必须事先打湿皮革，以延后黏合剂干燥的时间。任何黏合剂皆必须涂抹于黏合面的两面。另外皮面层质感平滑，黏合剂难以附着，若直接贴合，则会无法黏紧皮革。因此若要贴合皮面层或磨整过的肉面层，必须先用研磨片等工具刨削贴合范围的表面，使其起毛。

白胶

皮革用黏合剂的固定班底——白胶（100 号）。另外也有黏性更强的600 号白胶。

上胶片

黏合剂基本上是以上胶片蘸取使用。因黏合剂干燥后会黏于前端，所以使用后要立刻清理干净。

黏合前步骤　涂抹黏合剂前要先标上贴合记号并磨粗皮面层。

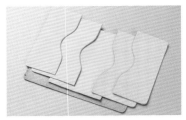

01 试着组合各部零件，以确认黏合部分。

对照零件与纸型，确认安装位置并标上记号。之后需要参照此记号，涂抹黏合剂。

02

03 即使肉面层已用床面处理剂处理过，也必须进行磨粗的动作。于贴合边约 3mm 宽处用研磨片等工具适当地磨粗，以做成黏合面。

04 边缘颜色不同的部分为磨粗后的黏合面。黏合剂只可涂抹于黏合面上。

此处为肉面层与皮面层贴合的部分。需标上贴合范围的记号。

05

POINT

使用研磨工具磨粗记号范围内的皮面层，注意不可越出记号。

06

07 皮面层、肉面层皆已磨出黏合面的状态。

☑ **CHECK**

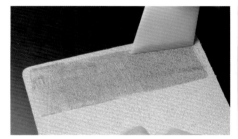

另外也有在以床面处理剂磨整肉面层时，便先预留 3mm 宽的边缘以作为黏合面的方法。以此方法制作，便可省去重新制作黏合面的作业。

使用白胶的基本黏合方法　将需贴合的两面涂上白胶并于干燥前贴合。

以上胶片蘸取白胶。涂抹胶剂时要使用上胶片的正面部分进行，因此需将上胶片翻面，只以正面的前端部分蘸取白胶。

01

02 将上胶片前端的白胶薄涂于黏合面。可置于胶板边缘进行作业，如此能避免将白胶涂至外侧或涂得过厚。

03 使用白胶时，要趁干燥前贴合，因此必须快速作业。

04 对齐零件两端后贴合。虽然白胶在贴合后尚可移动位置，但还是尽量在一开始便对准位置。

POINT

05 对准前面标出的记号，将两片零件贴合。白胶具有可微调的特性，因此能够正确地对准位置。

06 贴合零件后需要用三用磨边器或推轮进行压着动作。作业时要注意控制力道，以避免过度用力，导致皮革拉伸。

07 零件贴合完成的状态。须注意，端角部分若无确实黏紧，则会导致侧边散开。

Tip 压着　于贴合的零件上施加压力，以消除缝隙并使其确实黏紧。除了可加强零件结合性之外，侧边同时会产生收缩而变得较易缝合。

溢出白胶的处理方法 若皮面层不小心沾到白胶，可以用湿布擦去。

若白胶沾至皮面层，不可用手直接擦拭。

因白胶属水溶性物质，所以可用拧干的湿抹布擦去。须注意，抹布不可过湿，以免皮革吸收水分而产生水斑。

弯曲贴合 贴合弯折处的里革时，若能稍微弯折零件，便可避免里革产生凹痕。

于两片零件的贴合面涂上白胶。
01

POINT

贴合时要将表侧零件朝折线方向稍微弯曲，同时贴上里革。
02

维持弯曲角度，以玻璃板压紧零件。
03

待白胶干燥后便可试着凹折皮革，以确认弯曲方式有无问题。
04

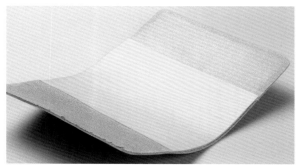

经过弯曲贴合的零件会呈现左图的状态。注意弯曲角度不可过大。使用其他种类黏合剂的作业方式也基本相同。
05

Tip 水溶性　溶水性质。使用于皮革工艺中的黏合材料中，只有聚醋酸乙烯胶类为水溶性。

段差部分的贴合方法　将数片皮革重叠贴合时，有时皮面层与肉面层会位于同一侧。

01 将下一片需要贴合的零件置于已贴合的零件上，并于对齐位置上标出记号。

02 因贴合部分为皮面层，所以要先磨粗以做出黏合面。

03 于两侧黏合面涂上白胶，再对准步骤 01 中的记号贴合零件。

04 贴合数张皮革后便会形成段差，因此使用玻璃板或铁锤进行压着动作。

05 虽然无法完全消除段差，但必须尽可能地加压，使其黏紧。

削平侧边　贴合零件后须削平贴合部分的侧边。

贴合后的零件侧边通常皆会产生段差。因此要使用研磨片等工具将其削平。

01

若侧边的段差较大，可使用刨刀削平，以提升效率。使用时要留意推出刀刃的长度，以免刨削过度。

02

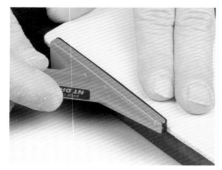

三角研磨器也为适合削整侧边的工具。三角研磨器的主体坚硬，握取方便，因此可磨整出漂亮的平面。

03

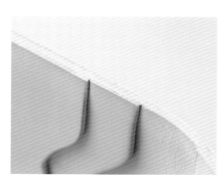

磨平后的侧边。先于此处削整一次，待缝合后再进行一次最终磨整。

04

贴合大面积的方法　　贴合大范围面积时，需先喷湿皮革，以延长干燥时间。

使用喷雾器先在需涂抹白胶的肉面层上喷水，稍微喷湿即可。因肉面层会吸取水分，所以只需用喷雾器将水轻轻喷于表面即可。
01

于含水皮革上涂抹白胶。白胶吸收水分后会变得较稀，因此可以延缓干燥的时间。
02

使用上胶片将白胶涂于黏合面，注意不可涂得过厚。
03

于需贴合的另一张皮革上涂抹白胶。因此侧会立即贴合，所以不用喷湿。
04

确认两侧白胶皆未干后便可贴合。
05

使用推轮加压。大面积的零件也可使用玻璃板。若零件上有雕刻或印花花纹，便要注意力度，以免压坏花纹。
06

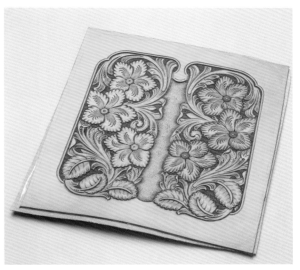

07　使用白胶贴合的零件在完全干燥前仍可移动，为了避免错位，必须尽量避免触碰。

黏合

使用合成橡胶系黏合剂黏合

　　DIABOND 强力胶与 G17 等合成橡胶系黏合剂属于速干性黏合剂，作业效率较佳。至涂抹于两侧贴合面为止，其使用方法皆与树脂系黏合剂相同，但此类胶剂须待其半干后才可贴合。而且贴合后便无法移动皮革，因此对齐位置的难度较高。另外，管状的强力胶通常会让人想直接使用，但若不以上胶片蘸取，则容易涂得过厚而产生胶层，因此要多加留意。强力胶中有溶剂成分，因此使用时必须让房间保持良好的通风。

DIABOND强力胶

DIABOND 强力胶为皮革工艺中的基本合成橡胶系黏合剂，黏合力强。

POINT

管状黏合剂。可如上图直接挤于上胶片表侧。

使用合成橡胶系黏合剂的基本黏合方法　　黏合前的零件前置作业与白胶相同。需要以半干燥状态贴合。

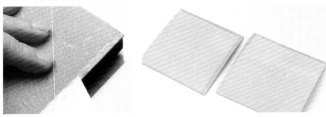

01 将强力胶涂抹于黏合面上并拉薄。强力胶干燥速度快，因此要快速拉薄，以免凝结成厚块。完成后要静置至摸起来有点黏手的半干燥状态。

强力胶无法重贴，因此必须确实对准位置后再贴合。勉强撕起会导致皮革拉伸。

02

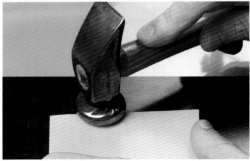

贴合后要使用推轮或铁锤加压。注意不可伤及皮表。使用 DIABOND 强力胶不用于压着后等待胶剂干燥，可直接进入下个作业。

03

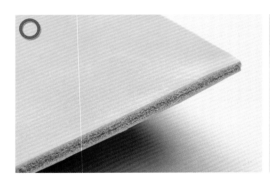

合成橡胶系黏合剂较不容易薄涂，也较容易产生胶层。另外，因其在贴合后无法进行位置的调整，所以如右图中位置偏离的侧边则较难以修正。

04

Tip 胶层　以黏合剂贴合皮革时，黏合剂涂抹得过厚，皮革间会产生黏合剂层。若零件间有胶层，便会在磨整侧边时留下色差。

合成橡胶系黏合剂沾至皮面层的处理方法 万一皮面层沾到强力胶，则须待干燥后再处理，不可用手触碰。

01 作业中有时皮面层会沾到强力胶。此时若不小心碰到黏合剂会使其扩散，因此碰到此情形时不可慌张，要思考如何将黏附面积缩至最小。

☑ **CHECK**

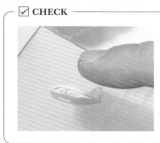

若碰到黏附的强力胶，会使其流入皮革的细纹里，导致渗入皮革的胶量增加。因此绝对不可触摸。

在不碰触强力胶的状况下直接摆放至半干燥状态。（此处为合成橡胶系黏合剂的处理方法。若为聚醋酸乙烯系黏合剂，则要立刻擦拭）

02

待黏附的强力胶呈现半干燥状态，便可用以强力胶制成的胶块直接粘取。如此，皮面上的强力胶即会黏于胶块上，从而能顺利剥除。

03

黏合

☑ **CHECK**

除强力胶块以外，也可使用生胶片。以生胶片来回摩擦黏附于皮面层上的强力胶，强力胶便会黏至生胶片上，从而能顺利清除。

04 重复步骤 **03** 的作业便可完全清除强力胶。虽然因溶剂渗入而产生的色斑无法完全去除，但可以将强力胶清除干净。

使用天然橡胶系黏合剂黏合

生胶糊

　　以生胶糊为代表的天然橡胶系黏合剂需于干燥状态下贴合，并以推轮等工具进行压着。天然橡胶系黏合剂多为罐装，因此要使用上胶片蘸取使用。虽然干燥时间比合成橡胶系黏合剂长，但若不迅速涂抹，也会容易形成厚度，产生胶层。另外，虽然在贴合后不可移动零件，但因其为干燥状态，所以只要在加压前剥离，便不容易使皮革拉伸。天然橡胶系黏合剂内有溶剂成分，所以必须让作业场所保持良好的通风。

天然橡胶系黏合剂的代表即为生胶糊。黏性胶弱，适合用于车缝等的暂时固定。

使用天然橡胶系黏合剂的基本黏合方法　　天然橡胶系黏合剂须待其完全干燥后再贴合，并确实压紧。

POINT

只以上胶片正面部分蘸取生胶糊。须注意，不可蘸取过多，以避免涂抹过厚或溢出外侧。

01

将黏附于上胶片的生胶糊涂抹于黏合面上。作业时要尽可能地薄涂。

02

03 另一侧的黏合面也要涂上生胶糊。因需待完全干燥后再贴合，所以作业时间非常充裕。

☑ **CHECK**

生胶糊干燥后，以手指触碰并不会起黏，待两层对叠的生胶糊面受到压力时，才会发挥本身具有的黏合力。

仔细确认位置后贴合。虽然加压前比合成橡胶系黏合剂容易剥离，但还是需要尽量避免。

04

使用推轮等工具加压，将零件完全贴合。因生胶糊本身已经干燥，所以加压后便可直接进入下个作业。

05

06 以适量生胶糊贴合的侧边看不到胶层。

☑ **CHECK**

若生胶糊涂得过厚或自侧边溢出，便无法磨出漂亮的侧边。因此，自侧边溢出的黏合剂需于削平侧边时一并刨除干净。

其他黏合相关知识
此处介绍的相关知识若能事先掌握，将有助于黏合作业的进行。

▶贴合长边

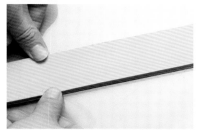

皮带里衬等长边的零件贴合时较容易偏离位置，因此要压住两端慢慢地分次贴合。因贴合长边较费时，所以可使用生胶糊，以便仔细作业。

▶皮面层沾到黏合剂时，将受损缩至最小的方法

皮面层沾到黏合剂时，若想将受损降至最低，可重新涂抹皮革保护剂。如此黏合剂便较容易剥除，也能减少溶剂的渗入。

黏合

[名革珍革小档案 5]

小牛皮 Calf

"Calf" 小牛皮为出生后 6 个月内的仔牛皮，可直接以毛皮状态使用。小牛皮毛质柔软、手感顺滑。仔牛毛皮当中的胎牛皮在日本称为"腹子（Harako）"，因其稀少且价高而受到珍视。为了活用牛皮独特的花纹，通常多会用于制作大型皮件或是作为地毯、壁挂毯等室内装饰品。另外，因其为出生后不久的仔牛皮，所以虽为牛皮，但皮质较薄，纤维柔软细致，因此也经常用于制作需要柔软度的袋类，或是当作重点装饰使用等。

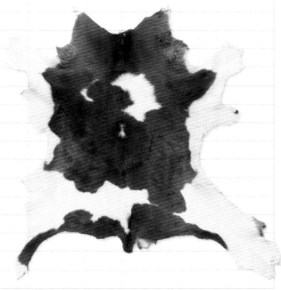

手缝

手工缝制皮件的基本方法为：先以菱斩凿出线孔，再将缝线穿过并缝合。如何将线孔凿得漂亮，即为提升作品质量的关键。缝线绕法若不一致，针脚即会零乱，因此每一针皆必须以正确、固定的方向穿过线孔。

凿开线孔，以针线缝合

手缝时需先凿开线孔，再将缝线穿过线孔，以便缝合。用来凿开线孔的工具即称为菱斩，其可凿出菱形的线孔。线孔必须凿得正确、美观，方能形成漂亮的针脚。凿线孔的方法有数种，必须根据不同的部位灵活运用，以求达到更精准的作业。

手缝用线大致上可分为两种。一种为麻线，另一种为以 SINEW 线为代表的尼龙材质缝线。

为了使缝线能够顺利穿过皮革而在线上擦蜡的作业称为"擦蜡"。市售麻线皆需使用专用手缝线蜡进行擦蜡，但尼龙材质的缝线则几乎都上过蜡，因此可直接使用。不同种类缝线的结尾方式不同，因此要先了解自己所用的缝线种类，再开始进行作业。

使用菱斩凿孔

首先要介绍最基本的线孔凿取方式，即使用菱斩凿孔。菱斩基本上为可直接凿孔的工具，但为了能凿出笔直的线孔，便要先画出准确的参考线。另外，段差处及转角等基准点的部分则要先以圆锥凿出孔洞。因为是事先凿开基准点孔，所以调整两基准点间的斩脚间距即显得相当重要。第一步，使用间距规画出缝线。

间距规

间距规适用于描画薄质皮料的缝线。

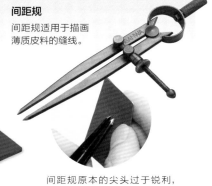

间距规原本的尖头过于锐利，因此要先使用研磨工具磨圆后再使用。

胶板

使用间距规标记缝线 薄质皮料要使用间距规画出缝线。

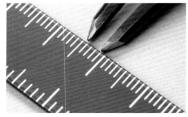

01 缝线一般位于距边缘 3mm 处，因此需先将间距规设为 3mm 宽。

✅ **CHECK**

间距规设定完成后需要于废皮上试画，再用量尺测量缝线距离，以确认是否为 3mm 宽。

于作品内侧画出缝线。线孔应凿于缝线的外侧，因此缝线同样也为取基准点用的参考线。

02

圆弧部分的缝线容易画偏，因此要确实将间距规的其中一只脚靠紧边缘。

03

使用间距规于内侧画出整圈缝线。越过段差部分时不可使缝线偏离。

04

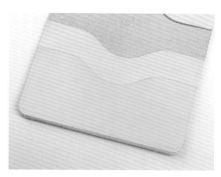

内侧缝线已完成的状态。要先确认缝线距离是否确实为3mm宽。

05

使用圆锥取基准点

段差与转角等处要防止孔位偏离，必须先当作基准点，凿开圆孔。

取基准点使用的工具为圆锥。段差部分要以圆锥于适当的位置上先行凿孔，以避免菱斩重复压到。

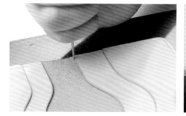
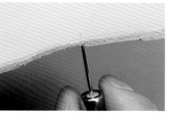

01 于段差边缘凿出基准点孔。将基准点设于此处可防止菱斩切断段缘。

段差部分近照。若将菱斩脚打于此处，穿线时便可能发生皮革破裂的惨状。

02

如图中这样接近直角的圆弧，先标出基准点，可缝得较为漂亮。因此要用圆锥于四个角先行凿开基准点。

03

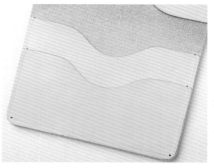

已凿开基准点孔的状态。借由事先标出基准点，可彻底改变针脚的质感。

04

POINT

基准点无须再以菱斩凿孔，但要用圆锥刺穿至外侧，以扩大洞孔。

05

手缝

使用挖槽器标记缝线   厚质皮料要使用挖槽器刻出缝线。

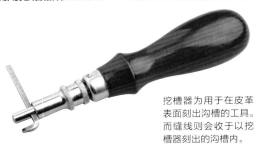

挖槽器为用于在皮革表面刻出沟槽的工具。而缝线则会收于以挖槽器刻出的沟槽内。

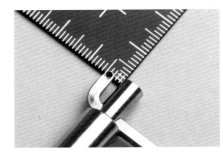

调整挖槽器的间距宽。挖槽器同样要设为 3mm 宽，并以废皮确认是否正确。

01

确认挖槽器刀刃的位置与基准点孔同宽后便可刻出缝线沟槽。须注意，挖槽器不可离开边缘。

02

03 挖槽器要与平面维持直角。刀刃部分因有固定的可切割角度，所以维持该角度，并朝自己的方向往内拉，便可刻出沟槽。

☑ **CHECK**

段差部分因会陷落，所以必须垫上衬革以消除段差。衬革要尽量选择可完全消除段差的厚度。

于下方空隙间夹入衬革，即可让表面成为完整的平面，如此便能刻出笔直的缝线。

04

05 使用挖槽器刻出缝线沟槽后的表侧。接着将此沟槽视为参考线，并以菱斩凿出线孔。

☑ **CHECK**

刻沟即代表该部分的皮面层被削切且已产生伤痕，因此会比其他的部分脆弱。若想避免此情形，则可使用边线器画缝线。

使用菱斩凿出线孔　沿着挖槽器刻出的沟槽以菱斩凿开线孔。

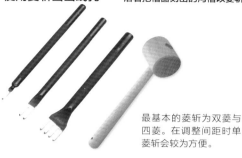

最基本的菱斩为双菱与四菱。在调整间距时单菱斩会较为方便。

垂直立起菱斩后以木锤自正上方将菱斩敲入皮革。须注意，不可将菱斩斜向敲入皮革，以免背面线孔位置偏离。

▶基本线孔凿法

01 首先将第一只斩脚对准基准点，并以其他斩脚压出记号，同时观察与邻近基准点间的间距。

02 此两基准点间刚好为四只斩脚的距离，因此可直接打入。

03 接着将一只斩脚置于下个基准点上，并以相同的方式压出记号。

04 以第一只斩脚重叠的方式移动菱斩，于两基准点间压出线孔记号。

05 虽然此两基准点间的间隔距离也刚好，但最后会压到基准点，所以要使用双菱斩调节。

☑ **CHECK**

Craft 社制造的菱斩有 1.5mm、2mm、2.5mm、3mm（间距宽）等款式。菱斩斩脚间距愈小，针脚愈紧密，缝合的次数也相对增加，因此可依照个人喜好变换运用。各间距宽的菱斩又可分为单菱、双菱、四菱，甚至某些款式还可达到六菱和十菱。只要善加运用这些菱斩，便能有效凿出漂亮的线孔。

06 标上记号后便可按照记号凿孔。敲打菱斩时需要于下方垫上胶板，同时也需要于段差处垫上衬革，以消除段差。

☑ **CHECK**

敲打菱斩的强度只需控制在能于背面穿出三角形刃尖的程度即可。敲打过度会导致线孔变大，因此要多加注意。

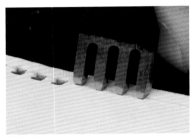

07 注意基准点处不可敲入菱斩，要直接使用圆锥凿出圆孔。

08 与基准点间隔一个针脚后再敲入菱斩。注意不可偏离缝线。

09 连续敲打菱斩时，要将第一只斩脚跨至前组线孔的末孔。

10 敲打四菱斩凿至下个基准点前 5 个线孔左右，并从此处换用双菱斩。

11 换用双菱斩时，要先用双菱斩确认以四菱斩压出的记号。

12 每次敲入双菱斩前皆要确认线孔记号，以求确实凿出精准的线孔。

13 将双菱斩一只斩脚跨至前组线孔的末孔，以另一只斩脚凿开新线孔。注意不可偏离缝线。

14 使用菱斩凿开线孔至基准点的前一孔。

15 跳过基准点，自下段缝线打入菱斩以凿开线孔。

16 直线部分使用四菱斩。若有六菱斩或十菱斩，则可凿出更整齐的线孔。

17 接近基准点时要先确认斩脚记号和孔数。

18 使用四菱斩确认记号。接下来换用双菱斩凿孔。

19 至基准点间刚好为 2 个线孔的距离，因此可直接敲入双菱斩。

20 基准点间的线孔已完全凿开。接下来跳过基准点，开始凿下排线孔。

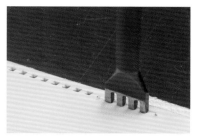

21 以同样的顺序凿开线孔至最后。若线孔间距不合适，请参考下面的方法加以调整。

▶线孔间距不合适时的调整方法

如图所示，短距离基准点间的长度若无法平分线孔位置，便要调整线孔与基准点的距离。

01

首先将斩脚跨于其中一侧的基准点上并压出记号。注意记号不可压得太深。

02

接着再将一只斩脚跨于记号上并压出下个记号。可看出另侧基准点与线孔的距离过远。

03

将菱斩的斩脚跨于对侧的基准点上，并自对侧反向压出记号。自反向压出的记号应该会与正向记号的位置不同。

04

再次将斩脚跨于反向压出的记号上，并同时压出下个记号。当然此处的记号也会与正向记号的位置不同。

05

找出正向与反向记号的中间点，并以单菱斩压出记号。此处即为实际凿孔位置。

06

手缝

使用单菱斩凿开线孔，要注意间距宽度的平衡与菱斩的方向。

07

压出下个基准点前的所有记号，并凿至倒数第五个线孔左右。

08

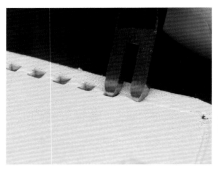

使用双菱斩压出下个基准点前的线孔记号。

09

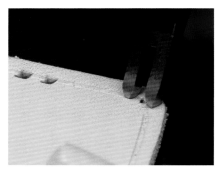

以双菱斩标示记号至最后，可发现间距不合适，最后一个线孔位置会超过基准点。

10

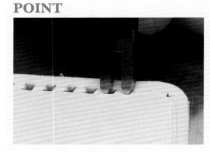

POINT

此处只需稍微移动重叠的位置便能调整间距。若移动位置过多会导致线孔变大，因此调整要控制在 0.5mm 以内。

11

借由分次、少许地缩紧线孔间的距离，便可顺利调整基准点前的线孔位置。

12

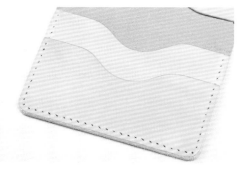

已凿出全部线孔的状态。线孔凿得美不美观，严重关系到针脚的质感。因此除了要凿得笔直之外，还需要漂亮地调整线孔间的距离。

13

使用间距轮与菱形锥凿孔

第二个要介绍的凿孔方法为使用间距轮与菱形锥的凿孔方法。首先以间距轮在缝线上压出记号，接着以菱形锥刺穿记号，凿开线孔。最初的凿基准点孔以及用挖槽器刻出缝线的作业基本上与使用菱斩凿孔时相同。但必须在使用间距轮标示记号前便调整好线孔的位置。

间距轮　　　　　　　　　**菱形锥**

间距轮共有 4 款不同间距宽的齿轮。菱形锥比菱斩锐利，因此只需用力穿刺便能凿开线孔。

画出参考缝线并凿开基准点孔　　使用间距规于内侧画出参考缝线，并使用圆锥凿开基准点孔。

01 将间距规设为 3mm 宽，并于内侧画出参考缝线。

02 使用圆锥于段差部分、转角等基准点处凿开圆孔。

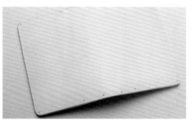

03 基准点处已凿开圆孔的状态。各作品的基准点不同，要仔细思考后再决定。

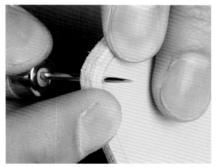

基准点孔要由外侧刺入圆锥以扩张圆孔。注意不可过度扩张。

04

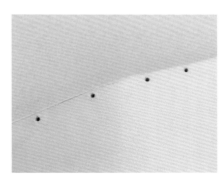

扩张后的基准点孔。因圆孔比菱斩凿出的线孔小，所以缝制后不会太过突显，而且较美观。

05

使用挖槽器标记缝线　　将挖槽器刻入皮面层以标出缝线。

将挖槽器设为 3mm宽，刻出缝线。使用挖槽器时，要固定在可切割的角度上，并朝自己的方向往内拉。

已刻出缝线的状态。若不想伤及皮面层，也可使用边线器拉出缝线。

手缝

使用间距轮标示线孔记号　　沿着缝线转动间距轮以标出缝线位置记号。

将间距轮的齿轮对准起点的基准点。

01

使用时，使间距轮与皮件呈直角，并往前压推。

02

向前压推间距轮，前端的齿轮便会自行转动，如此即可压出等间距的记号。

03

使用间距轮压出的均等的记号。

04

 CHECK

用间距轮有时也会发生无法均分线孔位置的情况，此时便需要进行调整。

使用皮绳针修正间距轮的齿印位置即可。于两基准点间标出间距均等的线孔记号。

05

标出线孔位置记号的状态。接着便可使用菱形锥刺穿此记号位置，一一凿开线孔。

06

使用菱形锥凿出线孔

由记号正上方刺入菱形锥，凿开线孔，注意方向要一致。

确实握紧菱形锥的握柄并对准线孔记号，于胶板上方垂直刺入。作业时，刃尖置于正上方垂直刺入。

01 谨慎地用菱形锥自记号上方一一刺入，凿开线孔。

于胶板上以菱形锥穿孔，皮件背面即会呈现出图中的小孔。因之后要再次重新穿孔，所以此时凿开的孔可视为参考点。

02

03 如图所示，刃尖方向固定，才可凿出左图中方向整齐的线孔。段差部分的线孔容易凿斜，因此需垫上衬革。

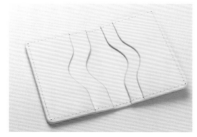

04 已凿出整圈线孔的状态。虽然比使用菱斩凿孔更费时又费力，但因为能一个孔一个孔地仔细作业，所以只要制作方法正确，便能期待缝出更漂亮的针脚。另外，有时也会以菱斩代替间距轮标示线孔记号。

▶ **使用手缝固定夹固定，以贯穿线孔。**

将在胶板上凿出线孔的作品固定在手缝固定夹上。然后用菱形锥贯穿线孔。

01

02 要以同样的角度将菱形锥穿过凿开的线孔。若菱形锥的角度不同，便会导致线孔形状改变，因此要多加注意。

☑ CHECK

如左图所示，穿菱形锥时要用手指压住对侧，防止皮革扭曲。须注意，不可以右图的方式按压皮革，以免菱形锥刺到手指。

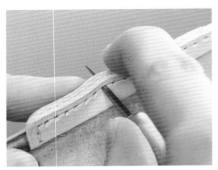

将菱形锥确实穿过线孔。皮革重叠的部分较难穿过刃尖，因此要多加留意。

03

以菱形锥刺穿基准点以外的各线孔。菱形锥的刃若变钝，便无法顺利穿孔，因此要及时进行研磨。

04

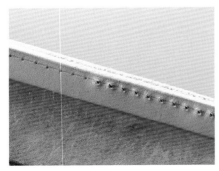

左图为贯穿后，线孔背面的状态。不可使用变钝的菱形锥，否则线孔周围的凹凸会更加明显。

05

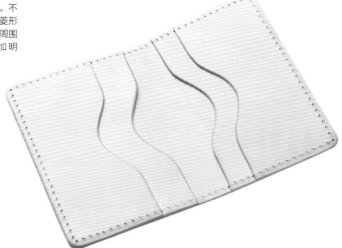

06 整圈线孔皆已贯穿的状态。此皮件为需缝制整圈周边的款式，缝制方式请参阅第 107 页之后的详细介绍。

使用菱斩与菱形锥凿孔

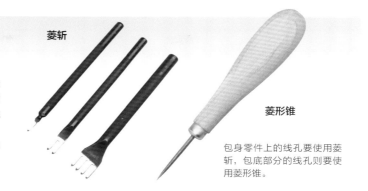

菱斩

第三个要介绍的为使用菱斩与菱形锥的凿孔方法，是处理包底等具有高度的零件时最有效的方法。在处理包底等具有高度的零件时，要先于贴合前以菱斩凿开尚为平面的包身零件上的线孔，接着将包身与包底贴合，再以菱形锥刺入线孔并贯穿至包底对侧。此外，此处也会同时介绍圆弧部分的线孔凿法，而此凿法也与一般只使用菱斩作业的凿孔方式相同。

菱形锥

包身零件上的线孔要使用菱斩，包底部分的线孔则要使用菱形锥。

使用菱斩于包身零件上凿开线孔　首先，使用菱斩凿开包身零件的线孔。

左侧为包底部分，右侧为包身零件。首先使用菱斩凿开包身零件上的线孔。

01

02　使用挖槽器于包身零件皮面层上刻出缝份为 3mm 宽的缝线。

POINT

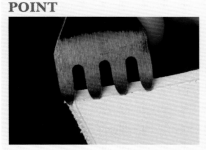

上端边缘部分会绕缝至外侧，因此要如图将一只斩脚跨于外侧，压出线孔记号。

03

对准线孔记号敲打菱斩。直线部分要按照基本方法将一只斩脚跨至前组线的末孔中，并以此依序凿孔。

04

圆弧处的线孔凿法　最一般的方法为以双菱斩凿开圆弧部分的线孔。

自直线凿至圆弧前数孔时要先暂时停止。

POINT

试着以菱斩估算约至第几个孔会超出线外。

▶使用双菱斩凿孔

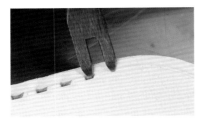

01 沿着缝线以双菱斩压出线孔记号。

02 将一只斩脚跨于前组记号，依序压出后方记号。斩脚刃尖请务必置于缝线上。

03 弯曲度增加的部分不可使菱斩偏离缝线。

04 同样将一只斩脚跨至前组记号，以标出可正确凿孔的线孔记号。

05 圆弧尾端与直线相连，同样必须确实将记号标于缝线上。

06 弯曲度较小的圆弧也要准确地标示出记号，以避免产生违和感。

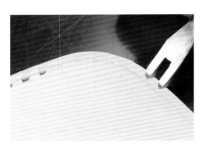

07 连续标示记号至直线部分。圆弧处的线孔凿法将会影响到作品的质感。

08 为了凿出漂亮的圆弧线孔，要以逆时针方向敲打菱斩。

09 依正常方向作业会使线孔向外突出，因此要反向凿开线孔（斩脚同样要跨至前组线孔）。

10 逆时针作业可避免重复敲打的线孔走样，因此能凿出漂亮的线孔。

11 弯度较深的圆弧处的凿孔侧的斩脚角度必须对齐缝线。

12 边留意斩脚的角度，边敲打菱斩，以避免偏离缝线。

13 漂亮完成圆弧部分的线孔，连接到直线的线孔。

14 包身零件已凿开线孔的状态。圆弧部分的线孔若凿得不漂亮会导致针脚紊乱，进而影响作品的外观。

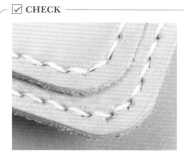

☑ **CHECK**

圆弧部分穿上缝线的样品。上方为以此次介绍的逆时针凿法制作的样品，下方则为由直线处依序凿开线孔的样品。可看出下方的线孔已破裂、变大。

▶ **使用单菱斩凿孔**

01 使用双菱斩标注记号的方式与以双菱斩凿孔时相同。此圆弧只需压上2个线孔记号即可。

02 使用双菱斩凿至直线最底端。

03 将单菱斩对准记号，稍微调整斩脚方向后即可敲入圆弧。对齐菱形的方向，便能提高针脚的稳定度。

04 此方法适用于角度较小的圆弧。

使用菱形锥于包底零件上凿开线孔　贴合凿开线孔的包身与包底，于包底零件上凿开线孔。

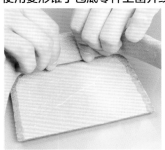

01 将已凿开线孔的包身零件与包底贴合。黏合面需以刮刀确实加压，以便使其黏紧。

手缝

使用间距规于内侧的包底缘画出参考线。

02

将菱形锥穿过包身上已凿开的线孔，使线孔贯穿至包底。

03

 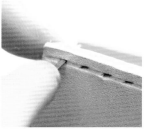

04 以菱形锥贯穿线孔需要用手指压住对侧，防止皮革弯折。菱形锥应以相同的角度进行作业，以便使两侧线孔方向一致。

包底已凿出线孔。此种不易垫入胶板、较无法使用菱斩作业的部位，即可使用此方法凿孔。

05

各间距宽菱斩与缝线的组合　试着将不同粗细的缝线，缝入以不同间距宽的菱斩所凿开的线孔中。

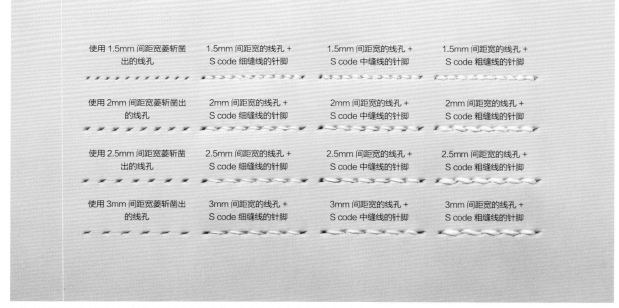

使用 1.5mm 间距宽菱斩凿出的线孔	1.5mm 间距宽的线孔 + S code 细缝线的针脚	1.5mm 间距宽的线孔 + S code 中缝线的针脚	1.5mm 间距宽的线孔 + S code 粗缝线的针脚
使用 2mm 间距宽菱斩凿出的线孔	2mm 间距宽的线孔 + S code 细缝线的针脚	2mm 间距宽的线孔 + S code 中缝线的针脚	2mm 间距宽的线孔 + S code 粗缝线的针脚
使用 2.5mm 间距宽菱斩凿出的线孔	2.5mm 间距宽的线孔 + S code 细缝线的针脚	2.5mm 间距宽的线孔 + S code 中缝线的针脚	2.5mm 间距宽的线孔 + S code 粗缝线的针脚
使用 3mm 间距宽菱斩凿出的线孔	3mm 间距宽的线孔 + S code 细缝线的针脚	3mm 间距宽的线孔 + S code 中缝线的针脚	3mm 间距宽的线孔 + S code 粗缝线的针脚

各组合针脚的风格大相径庭。针脚会影响作品的品位，因此应配合完成品的印象，慎加考虑之后再做选择。除此之外，另有以皮绳代替缝线进行缝合的编缝方法，详细解说请参考第 123 页之后的介绍。

麻线的基本缝法

　　皮革工艺中最基本的缝线即为麻线，因此，接下来便以 S code 麻线为范例，介绍基本的缝制步骤。须注意，任何种类缝线的前置作业都相同。

　　因为 S code 是以束状售卖的，所以要事先重卷以便使用。某些种类的缝线本身就是以卷状售卖的，因此可省略此项作业。卷好线便要剪下所需的长度，并进行擦蜡作业。将蜡擦入线中，可使缝线顺利穿过线孔，并减小受损的概率，同时也能防止缝合后缝线的松脱和磨损。部分缝线也会以上蜡状态售卖。

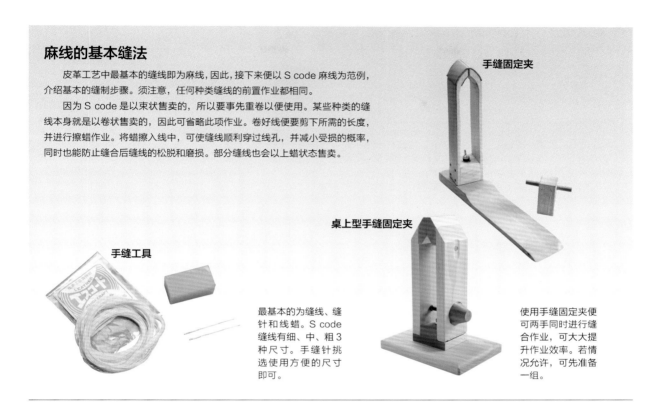

手缝固定夹

桌上型手缝固定夹

手缝工具

最基本的为缝线、缝针和线蜡。S code 缝线有细、中、粗 3 种尺寸。手缝针挑选使用方便的尺寸即可。

使用手缝固定夹便可两手同时进行缝合作业，可大大提升作业效率。若情况允许，可先准备一组。

重卷缝线　束状 S code 麻线不方便直接使用，因此需要卷成小卷缝线。

01 从包装中取出的 S code 麻线为束状。

02 找个长形物件作为卷轴。此处是将包装袋内的厚纸板作为卷轴。

03 将麻线束挂于两侧膝盖以防止打结，接着将打成绳结的两端线头松开（太紧时可直接剪断）。

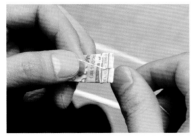

04 将厚纸板剪一切口，将其中一端的线头夹入切口，并以此为起点开始卷绕。

05 从挂于膝盖上的麻线中，慢慢拉出少许的麻线卷绕，注意不可使其打结。

06 最后即可卷成小卷的麻线。使用时便能顺利取出所需的长度。

准备麻线与缝针　　剪下适量的缝线后削薄两端，接着上蜡，穿入缝针。

☑ CHECK

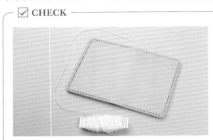

缝线的长度约为缝合距离的 4 倍。但若皮革较厚或线孔间距较窄，则须准备更长一点。

与两手张开同宽的长度在日文中称为"人广"。进行长距离缝合时，必须维持缝线在此长度之内，以便顺利作业。

▶ 擦蜡

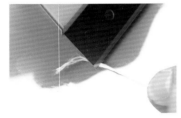

01 为了让缝线顺利穿过针眼，要将两端线头削薄。将麻线置于玻璃板上，再用别裁的刃尖削薄至右图中的程度。

将缝线压于蜡（线蜡）上（可以用适当的布料按压），接着拉动缝线以擦入线蜡。此步骤需重复多次。

02

☑ CHECK

如左图所示，确实擦入线蜡后，缝线前端约 10mm 长的部分即会呈现直立的状态。右图为擦蜡前后的对照。细线部分为经过上蜡、收整良好的缝线。

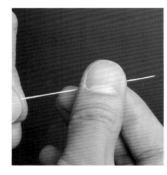

将整条麻线擦入线蜡后，要以手指将两端线头捻成细尖状。

03

▶ 穿针

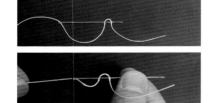

01 将线穿过针眼后，再于与针同长的位置处穿过 2 次，并向下拉紧。

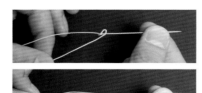

02 接着也将线头向下拉紧，此时穿过缝针的部分会收至缝针底部，如此便能防止脱针。

03 两条缝线相绞的部分若经过捻过和上蜡，可使其更不容易散开。

基本的起针方式　将针穿过线孔后往回缝 2 个针脚，便可开始缝制。

将零件以手缝固定
夹等工具固定时，
要将零件表面置于
右侧（惯用手侧），
并夹于线孔下方。

01

POINT

一般需要返缝2针，
因此首针要穿过第
三个线孔。

02

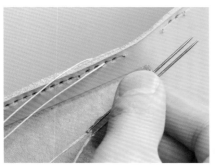

首次将线穿过线孔
后要对齐两根缝
针，同时将两侧的
缝线拉至等长。

03

04 接着从后片皮侧（非惯用手侧）往前穿过下个线孔，并由前
片皮侧（惯用手侧）拉出。此时要将穿过线孔的缝针叠于前
片皮缝针的上方。

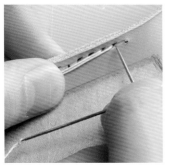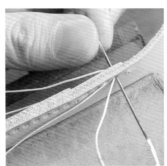

拉出缝针后将缝线向内拉
以腾出空间，让另一侧缝
针（最初位于惯用手侧的
针）顺利穿过线孔。此时
不可让针刺到缝线，以免
缝线打结。接着由后片皮
侧拉出缝针。

05

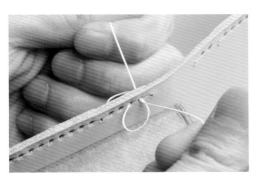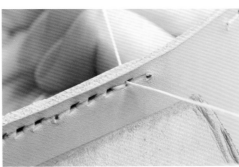

握住缝线，并以适当的力
道拉紧。线孔中会呈现前
片皮侧缝线位于上方、后
片皮侧缝线位于下方的状
态。只要此重叠的上下顺
序一致，便可缝出漂亮的
针脚。

06

手
缝

07 下个线孔（最前端的线孔）的缝制顺序也相同。自后片皮穿过缝针，并叠于前片皮的缝针上，再以惯用手同时捏住向外拉出。注意不可弄错上下位置。

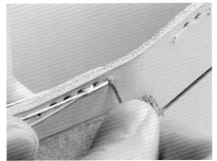

将缝线向内拉，并将原惯用手侧的缝针穿过相同线孔。注意不可刺到缝线。

08

握住缝线，用先前拉线时的同等力道将缝线拉紧。以相同的力道拉线，便可缝出结实、漂亮的针脚。

09

10 返回再次穿过第二个线孔。将针由后片皮穿过线孔的方法不变，但自前片皮侧抽出针后，缝线要改往外侧拉，以腾出空间。

POINT

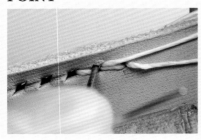

由前片皮将针穿过线孔时，要从先前的针脚上方穿过。因线孔变窄，所以要特别注意，不可刺到缝线。

11

同样握住缝线，并以相同的力道拉紧。重复穿线的部分，若针脚呈现交叉状，则不美观，因此要以正确的顺序缝出如左图中整齐的针脚。

12

下个线孔也要以同样的要领穿过针线并拉紧。如此，返缝的 2 个针脚便会漂亮地收拢。

13

麻线基本的平缝方法
留意每次拉缝线的力道与缝线的重叠位置，并以基本的平缝法缝合。

01 每个线孔皆要先由后片皮侧穿针，以缝出规则的针脚。

02 前片皮侧的缝针要重叠于后片皮侧的缝针下方，接着拉紧缝线，腾出空隙，再穿过缝针。

03 自前片皮拉出的缝线要位于下方，接着以此状态自两侧同时拉紧缝线。

☑ **CHECK**

由上方确认此作业动作。将由后片皮穿过的缝针叠于前片皮的缝针上，并同时拿于惯用手中。接着将缝线朝进行方向的反侧拉紧以腾出空隙，最后惯用手穿过前片皮侧的缝针。

段差的缝法
贴合零件所形成的段差部分须跨缝 2 次，做补强。

此部分会以后片皮侧的照片对此缝法进行解说。先以一般的平缝法跨缝段差处，并拉紧缝线。

01

接着将后片皮侧的缝针回头穿过同一个线孔。

02

03 由前片皮侧拉出缝针后，以同一根针再次由前片皮侧穿过下个线孔。

04 拉紧缝线，注意缝线不可交叉。如此，段差处便完成 2 次的跨缝。

05 自下个线孔开始，便可以一般的平缝法缝合。

麻线基本的结尾方法　　结尾处也要返缝 2 个针脚，再以黏合剂固定。

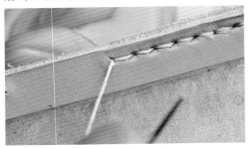

缝至尾端的线孔时，需往回缝一个线孔，并由后片皮侧穿过缝针。

01

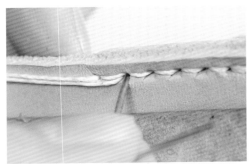

缝针穿至前片皮后要叠于前片皮侧的缝针上方，两针皆要以惯用手拿取。接着将缝线往内拉以腾出空隙，再穿过缝针，最后拉紧缝线。须注意，不可使缝线交叉。

02

03 下个线孔（最终线孔）要先穿过正片皮侧的缝针。直接自后片皮侧拉出并拉紧，便会呈现右图中两条缝线皆位于后片皮侧的状态。

将步骤 03 中自后片皮侧拉出的缝线绕至另一条缝线下方，使两条缝线互相交叉。

04

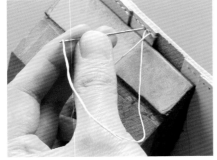

直接将该缝针穿过同一线孔。注意该线要与另一条缝线形成圆环。

05

自前片皮侧拉出缝针后慢慢拉紧缝线，圆环便会渐渐缩小。此圆环将会形成固定缝线用的绳结。

06

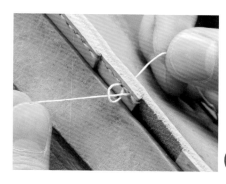

不可直接完全拉紧，拉至如图中的小圆环时要先暂停。

07

POINT

使用圆锥等尖头工具于圆环（将成为绳结）内侧涂上少许白胶。

08

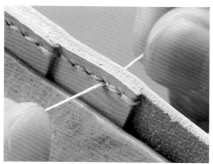

涂上白胶后便可自两侧同时拉紧缝线，如此绳结便会打于线孔内。

09

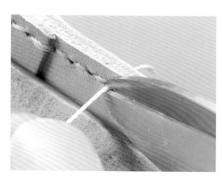

此绳结暂且还不用担心会松开，因此可将皮革表面多余的线完全剪除。注意线头不可突出至外侧。

10

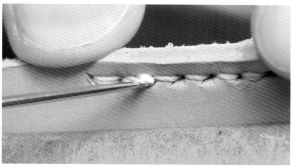

11 为了彻底防止绳结松开，要自两侧于剪断的线头上涂抹少许白胶。注意白胶量不可过多，以免影响外观的美感。

12 细心地以相同的重叠方式与拉线力道进行作业，便可缝制出整齐、均等、美观的针脚。

手缝

针脚的处理 缝合后的针脚会呈现微微浮起的状态，因此要以木锤敲打，使其服帖于皮革上。

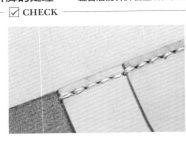

刚缝完的缝线会呈向上微微浮起的状态，若不经处理，便容易因摩擦而受损。

01 将针脚置于胶板等衬垫上，以木锤侧面敲打针脚，将其均匀压平。如此缝线便会呈现微微嵌入皮革内的状态。

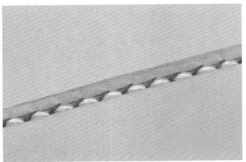

自上方以间距轮压过缝线可使针脚更为紧缩，外观便会更加漂亮。

02

接长缝线的方法 平缝途中若发现缝线长度不足，便要剪断缝线，接上新线。

01 在缝线短至无法移动缝针前，应先于适当的位置中止作业。

02 将缝线绕至侧边外，并轻轻打结固定，以防止缝线散开。

03 多余的缝线会妨碍接线作业，因此应于适当的位置剪除，以免绳结松散。

POINT

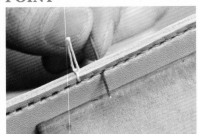

连接点要重复缝2次，因此需要将新线先穿过前方第二个线孔。注意新线要由原针脚下方穿过。

04

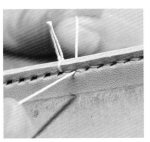

05 将两侧缝线拉至同长后，便可以一般的平缝顺序自原针脚下方穿过缝线缝合。

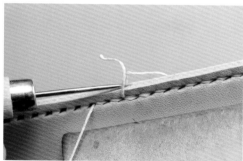

缝过 2 个针脚后要先暂停，以圆锥等工具将侧边外的绳结松开。

06

07 解开绳结后便会形成上图缝线自两侧穿出的状态。

08 将剪刀贴近于皮革表面，剪断此两条缝线。此处突出的缝线会显得过于醒目，因此要尽可能地剪短。

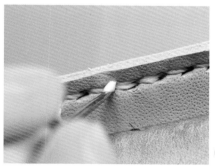

于剪过的线头上涂抹少许白胶，使其固定。

09

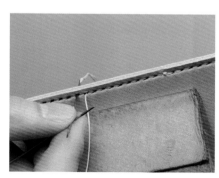

如此便完成了连接点的处理。接下来即可使用新线继续进行平缝。

10

连接点多少会有些明显，因此若已知道要进行长距离的缝合，可于准备时决定接线的次数，将连接点设于较不醒目的位置或是均等的位置上。

11

SINEW线的基本缝法

　　接下来，要针对使用以化学纤维代表——尼龙制成的 SINEW 缝线的缝制方法进行解说。

　　早期的 SINEW 线是将鹿等动物的肌腱捆扎成束，以此制成的天然材质缝线。但现今则是以尼龙制造的缝线为主流。SINEW 线拥有与麻线等"捻线"不同的独特质感，而且据其无法使用于缝纫机的特性来看，SINEW 线确实为大受好评的手缝专用线。另外，市面上也有以尼龙或聚脂纤维等化学纤维制成的皮革工艺用捻线，基本上使用方法也与此处说明的 SINEW 线相同。

　　化学纤维缝线无须上蜡，结尾时要用火烧的方式固定线头，而非使用胶剂固定。

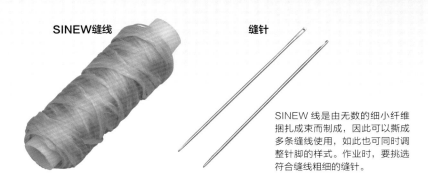

SINEW缝线　　　　　　　　　**缝针**

SINEW 线是由无数的细小纤维捆扎成束而制成，因此可以撕成多条缝线使用，如此也可同时调整针脚的样式。作业时，要挑选符合缝线粗细的缝针。

以 SINEW 线进行缝制时的前置准备　　分撕一条缝线并调整成适当的粗细，完成后便可于两头穿上缝针。

于适当的部位将 SINEW 线撕成 3 份，并自该处将整条线分撕成 3 条。

01

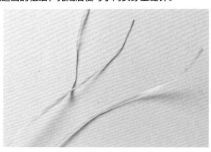

SINEW 线除了可直接使用之外，也可借由分撕缝线，选用 1/3、2/3 粗的缝线。

02

决定好粗细并剪下所需长度后，要搓捻全线，使其绞为一体。

03

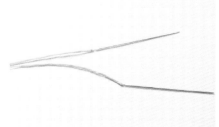

穿针方式与前项所介绍的麻线相同。要将缝针牢牢地固定于缝线两侧，以避免脱针。

04

SINEW 线的基本缝法　基本缝法与麻线相同，因此接下来要介绍需要连缝一周时的缝法。

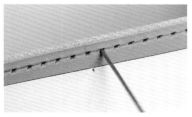

01 起针处需要多费点心思，应选择较不显眼、完成后较不用承受重力的位置。

02 将作品表面面向惯用手侧，再自后片皮侧将缝针穿过起针线孔。

03 以同手拿取两侧缝针并对齐，接着将缝线拉至同长。

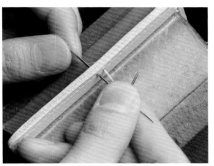

不用进行返缝，直接朝内往下个线孔开始缝制即可。自后片皮侧穿过缝针后要叠于前片皮侧缝针的上方，再以惯用手拉出。

04

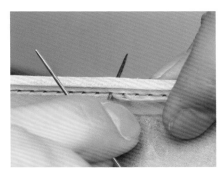

将缝线朝行进方向的反侧拉紧以腾出空隙，并将前片皮侧的缝针穿过同一个线孔。

05

06 步骤 05 的缝针穿至后片皮后，便可以适当的力道自两侧同时拉紧缝线。此时线孔中便会形成前片皮侧缝线位于下方的状态。

重复 **02~06** 的步骤依序缝合。

07

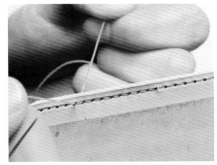

SINEW 线虽细但强度十足，若拉线的力道过强会导致缝线过度深入皮革。因此必须随时提醒自己，要保持适当的力度，以缝出均等的针脚。

08

POINT

横跨段差的部分需要将后片皮侧穿出的缝线再绕缝一圈，以缝出双层针脚作为补强。

09

手缝

SINEW 线基本的结尾方法 　保留约 2mm 的长度，并剪去多余的缝线，接着过火使其熔解固定。

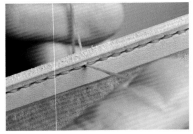

01 以平缝方式将线穿过起针线孔并拉紧。

02 接着继续重复缝数个线孔。若缝针难以穿过，可用皮绳针扩张线孔。

03 将线孔扩大后便可以平缝的方式继续往下缝。

整理针脚位置，完成 2 个针脚的重缝，最后缝线会自两侧穿出。使用麻线时也需重复缝 2 个针脚，但结尾固定则请依照第 122 页所介绍的方法进行。 **04**

完成重缝的动作后，于最终线孔的两侧各保留约 2mm 长的缝线。 **05**

06 线头经火烧过便会熔解成圆球状，此时要迅速将其压平。要迅速完成作业，以免皮件靠近火源过久，导致周围焦黑。

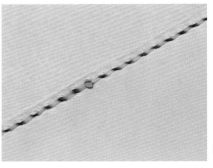

如此便可将线头收于线孔内。须注意，若在步骤 05 中保留的缝线过长，此处的绳头便会突出，显得过于醒目。 **07**

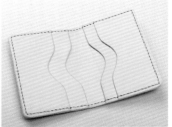

08 用 SINEW 线缝出的针脚质感与捻线不同，可以营造出独特的手缝触感，同时针脚的强度也相对较高。

☑ **CHECK**

用 SINEW 线缝出的针脚也要用木锤侧面敲打，以便使其服帖。

缝合后的侧边磨整加工

　　一般来说，植鞣革在缝合后皆需磨整侧边。基本作业流程请参考第 67 页"肉面层与侧边的最终加工作业"单元中的解说。但此处最重要的工作为均匀磨平因针脚而向外鼓起的侧边，以及尽可能消除零件重叠处的界线。

　　需要于缝合后进行加工的侧边一般皆位于外侧且重叠了数层，所以通常都极为明显。因此为了提升作品的质感，请务必要慎重地进行此项作业。

研磨片

床面处理剂

刨刀

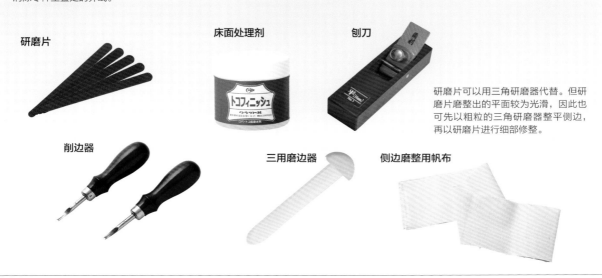

研磨片可以用三角研磨器代替。但研磨片磨整出的平面较为光滑，因此也可先以粗粒的三角研磨器整平侧边，再以研磨片进行细部修整。

削边器

三用磨边器

侧边磨整用帆布

01 使用研磨片的粗面或三角研磨器将针脚与侧边间的距离磨均匀。可扩大每次磨整的面积。

☑ **CHECK**

此处若能使用刨刀，即可提高作业效率。但若不习惯使用刨刀，可能会削得过深，因此要少量、谨慎地进行。

02 接着使用削边器削去边角。完成后再以研磨片的细面将角磨圆。

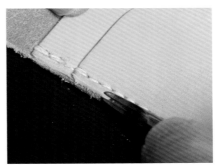

内侧也要以相同的方式将角磨圆。段差边缘若使用削边器处理，会容易削得过深，因此要以其他方式处理。详细方法请参考下个流程解说。

03

POINT

如左图所示，若将削边器贴齐段差边缘，刀刃便会陷入皮革内而导致皮革起皱。因此只需以研磨片等工具仔细将边角磨圆即可。

04

☑ CHECK

如上图所示，将边角修整成圆弧状。接下来将毛糙磨至平滑即可。

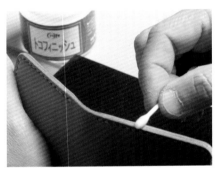

使用棉花棒于侧边涂上床面处理剂。整体侧边不可一次涂抹，需要分成数段，方便进行磨整作业。

05

06 使用三用磨边器以先内侧后外侧的顺序磨整边角。作业时要稍微加压，以便让侧边紧缩。谨慎作业，避免掀起段差处。

07 接着自侧边方向继续磨整。注意调整力道，避免过度施力，导致侧边向外扩张。

08 最后以侧边磨整用帆布摩擦，便可使侧边呈现出光泽感。

☑ CHECK

使用研磨片再次将侧边磨粗，反复进行数次步骤 05 之后的作业，便可将侧边修整得更为漂亮。

反复、仔细地进行相同的作业，将贴合处的界线修整至照片中较不显眼的程度即可。尤其是段差部分，更要使其牢牢密合，以便防止剥落。

09

铬鞣革的缝合与侧边磨整

虽然铬鞣革也可以手缝的方式缝制成外缝款式，并磨整修饰侧边，但其实有更适合铬鞣革特质的独特处理方式。

首先，因为柔软的铬鞣革在经过拉扯后会产生褶皱，所以必须要注意作业时的力道控制。另外，因铬鞣革没有可塑性，即使涂抹床面处理剂打磨，也无法呈现出漂亮的状态。因此，铬鞣革的缝合侧边必须涂抹ORLY染剂等专用仕上剂，以达到保护、修饰的目的。这项作业非常简单，只要多加注意以上几点即可。

手缝工具

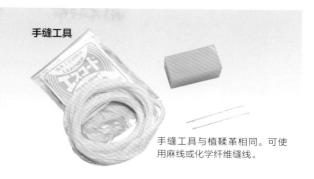

手缝工具与植鞣革相同。可使用麻线或化学纤维缝线。

手缝

标注记号时应使用银笔而非圆锥，以免无法辨识轮廓线。

01

贴合方法与植鞣革相同，两侧黏合面皆要涂上黏合剂。此处使用的黏合剂为白胶。

02

03 使用间距规画出缝线。因铬鞣革皮质较薄，所以无法使用挖槽器。

使用圆锥凿开基准点后，以菱斩凿开线孔。因铬鞣革的缝线容易消失，所以每当无法辨识缝线时，皆要再次画线，然后进行作业。

04

05 即便线孔皆已确实凿出，但醒目程度不如植鞣革，因此要多加留意。

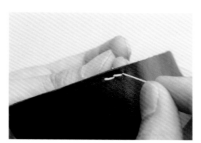

06 与植鞣革一样，采用平缝法缝制。

☑ **CHECK**

如上图所示，缝线拉得过紧会使皮革产生褶皱。因此要事先练习，控制好力道。

07 每缝一个线孔后皆要以缝布的方法拉整针脚。

08 结尾时先将两侧缝线穿至后片皮侧，再将其中一条线绕成圆环作为绳结。在尚未完全拉紧前，先于圆环内侧涂抹少量白胶，待完全拉紧后再由底部剪去多余的缝线。

09 于剪断的线头处涂上少许白胶，以确实固定缝线。

10 因铬鞣革皮质柔软，所以在敲整针脚时不可过于用力。

11 以上即为铬鞣革的缝法。若想缝出整齐的针脚，则要控制好拉线力道。

铬鞣革的侧边磨整 涂抹 ORLY 染剂等不会渗入皮革的专用仕上剂以补强侧边。

☑ CHECK

ORLY 染剂在硬化后也依旧保有柔软性，且会于表面形成耐凹、耐折的涂膜。使用时必须先搅拌均匀。

01 使用"轻松涂"等专用涂布工具，于侧边涂上薄薄一层 ORLY。

02 待其完全干燥后，便可使用研磨片等工具将表面磨匀、磨平。

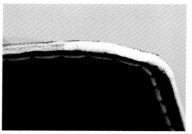

03 于打底的 ORLY 上方再涂上一层 ORLY。注意不可涂至外侧。

04 ORLY 硬化后除了可以遮盖毛糙外，同时也能让侧边产生延展性。

05 待其完全干燥后便可大功告成。因涂抹后不再做任何处理，所以要尽可能地涂漂亮。

缠边

缝合皮革时，以皮制线绳代替缝线将作品边缘编合而成的缠边，因其独特的氛围与质感，具有相当高的人气。有许多人对皮革工艺的印象即为此种具有历史性的缠边技法，因此也可视其为基本技法之一。本篇会对最基本的"绕缠缝"与"双缠缝"进行详细的介绍。

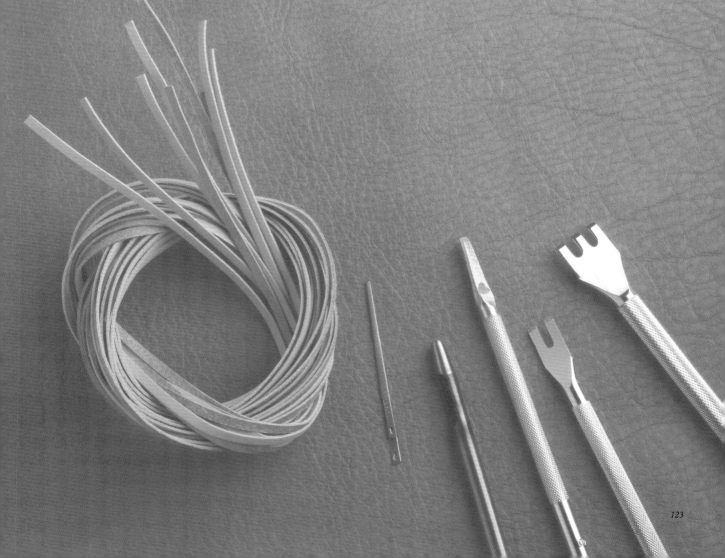

借由缠边做出各种变化

"缠边"为使用细长型绳状皮绳于皮革边缘进行编缝，以接合皮革零件的技法。其除了与手缝同为"缝合皮革"的方法之外，同时也为"可使作品外观看起来更为漂亮"的装饰技法之一。为皮件边缘点缀上彩色的皮绳，会使作品释放出华丽感，同时也会酝酿出独特的氛围。除了可以制作出适合女性的可爱感，也能营造出适合男性的强健感，因此可谓是男女都适用的技法。以缠边技法制成的作品与使用缝线缝合的作品风格完全相异。习惯手缝后，试着换用缠边技法制作相同的作品如何？相信也一定能让您喜欢！

若想以缠边技法制作皮件，便要准备与手缝完全不同的工具，同时也必须重点学习凿孔及缠绕皮绳的方法。在本篇中，将会按照流程顺序依序讲解缠边技法的注意事项以及小诀窍。另外，皮绳的缠绕方式有许多种，但此处以最主要的2种方法加以解说。这2种缠绕方式所营造出的氛围完全不同，因此若能根据施行部位以及个人喜好加以灵活运用，便能得到非比寻常的效果。

看到此处的前言，可能会感到缠边是项颇为麻烦的作业，但其实"缠边"作业类似于绳结编织，因此应该也能纯粹地享受其中的乐趣。此处的每个动作将串连出美丽的作品，因此希望各位读者务必要试着使用缠边技法并细心地制作，让自己的作品充满个性与存在感。

使用工具

凿孔工具为"平斩""圆斩"及"木锤"。平斩与菱斩不同，其可凿出细长的平直长孔。需一次穿过多条皮绳的部位要使用圆斩，以凿开较大的圆孔。另外，缠边作业还需准备专用的"皮绳针"以及代替缝线的"皮绳"。圆锥与皮线平锥为辅助作业用的有效工具。平斩、皮绳针、皮绳皆有2mm与3mm两种尺寸可供挑选。

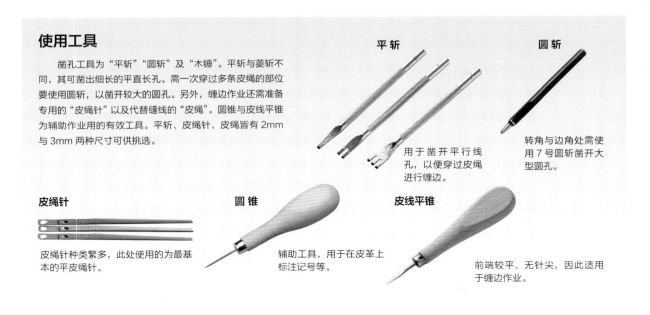

平斩
用于凿开平行线孔，以便穿过皮绳进行缠边。

圆斩
转角与边角处需使用7号圆斩凿开大型圆孔。

皮绳针
皮绳针种类繁多，此处使用的为最基本的平皮绳针。

圆锥
辅助工具，用于在皮革上标注记号等。

皮线平锥
前端较平、无针尖，因此适用于缠边作业。

木锤

用以敲打平斩，以及敲整缠边后的皮绳。

皮绳

此处使用的牛皮绳，颜色种类相当丰富。

☑ **CHECK**

确定欲使用的皮绳尺寸（2mm或3mm）后，便要选用相同尺寸的皮绳针及平斩。

各种缠边法

本书中只针对"绕缠缝"及"双缠缝"两种缠边法进行解说。绕缠缝为较简单的方法，只需单纯地将皮绳跨卷于线孔及侧边边缘即可。双缠缝则要以稍为复杂的程序编入皮绳，为装饰性较强的方法。灵活运用此两种缠边法，便能为作品增加强弱张力，进而一改整体风格。

► 绕缠缝

跨越侧边直接缠绕的方法。此方法较容易取得针脚平衡，因此重点在于将起点及终点处修饰漂亮。

► 双缠缝

侧边外侧的编织结突出，为相当具有存在感的缠边手法。重点在于以均等的力道拉绳，并整理出平衡的针脚。

缠边

缠边的前置作业

在开始进行缠边作业前，若能先行完成此处的前置作业，便可使成品看起来更为美观。首先，因为皮绳在穿孔时阻力比缝线大，而且多需要经过无数次的拉扯动作，所以容易被弄脏。尤其素色皮绳更容易沾染脏垢，因此可先涂抹皮革保护剂以做保护。另外，此技法虽是以皮绳缠绕侧边进行，但侧边多少还是会外露。因此需于贴合零件或凿孔后，对侧边进行磨整作业。

► 涂抹皮革保护剂

以布蘸取皮革保护剂后均匀地涂抹于整条皮绳上，接着待其干燥即可。皮绳擦入保护剂后可防止污垢沾染。

► 缠边前的侧边磨整

缠边后，侧边就无法再进行磨整，因此必须于缠边前完成磨整作业。

准备缠边的必备物品

在进入缠边作业前，需先准备好前置作业的零件、工具及材料。虽然此处为准备阶段和前置作业，但也请多加注意！另外，安装皮绳针与皮绳的步骤也为常用流程，因此请务必熟习后再移至实际作业上。因为皮绳在穿孔时阻力比缝线大，所以安装时须随时提醒自己要确实装牢，以免发生脱针情形。

准备皮革　贴合零件也需要小诀窍。

若需缠缝整圈边缘，便要先定出起点，并预留出约2cm不上胶（白胶）的部分。

01

02 贴合后会于一侧形成可插入1支皮绳针宽的隙缝。

03 贴合后要先进行削边及磨整侧边等作业。

04 使用间距规画出参考线。轻轻压出痕迹即可，以免之后过于显眼。

准备皮绳针与皮绳　确实安装，以免作业中脱针。

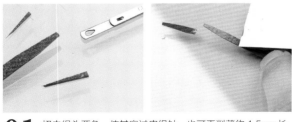

01 切去绳头两角，使其穿过皮绳针。也可再削薄约1.5cm长，使安装作业进行得更为顺利。

02 配合皮绳针针孔形状穿入变细的皮绳，推入内侧后要稍微搓捻皮绳，使其固定。

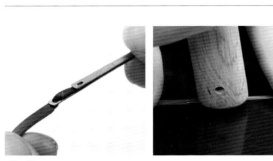

03 打开针尾，夹住绳头。针尾内侧具有倒钩，以木锤柄轻敲，使其嵌入皮绳。

由背面确认倒钩是否已确实嵌入皮绳。以此方式即可完全夹紧皮绳。

04

定出基准点，以平斩凿孔

　　名片夹开口等贴合后会产生段差的部位，以及圆弧部分皆必须于一开始便凿开基准点孔。因为缠边作业中所使用的平斩比菱斩宽，所以间隔的调整也较困难。为了凿出均等的线孔，缠绕出漂亮的针脚，必须于此阶段算出精准的线孔位置。

凿开基准点孔 将无法调整移动的线孔当作基准点，并先行凿开孔洞。

01 背面有口袋等段差时，要使用圆锥于侧边上标出记号。

02 如图所示，可自表面看出段差位置。注意不可画出过大的记号。

03 以标出的数个段差记号为基准，使用单平斩压出线孔的位置记号。

04 于不会切到背面口袋口的位置上，以单平斩凿开缠边用线孔。

05 在距离较近的基准点间，使用单平斩凿开均等的线孔。

缠边

对侧段差部分也要使用相同的方法凿开线孔。记得，线孔的数量与位置要左右对称。

06

转角基准点 需要凿成圆孔，以便穿过数次皮绳。

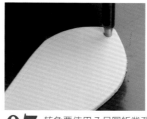
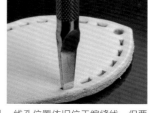

07 转角要使用 7 号圆斩凿孔。线孔位置依旧位于编缝线，但要稍微靠往内侧。曲线部分要使用双平斩压出记号，再以单平斩凿孔。

☑ **CHECK**

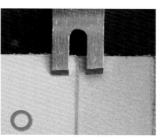
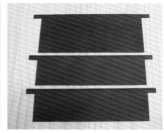

口袋零件多呈"T"形，若将线孔凿于段差边缘上，便会切断两侧突出的部分。此时便要将双平斩均等地分跨于接线的两侧，并将该处作为基准点。

小圆弧

小圆弧以单平斩于圆弧正中央凿开1个线孔即可。注意，要确实垂直立起平斩，再进行凿孔。

大圆弧

大圆弧要于中心点两侧平均各凿开1个线孔。使用双平斩压出线孔位置记号，接着以单平斩沿线凿开线孔。

凿直线线孔   此处以名片夹为例，解说使用平斩以顺时针方向沿着编缝线凿孔的流程。

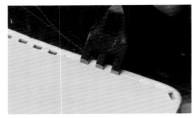

01 于最初凿开的段差边缘及圆弧基准点间，使用三平斩压出线孔记号。

02 若长度无法以三平斩均分，可用脚数不同的平斩进行调整，压出记号。

03 如上图所示，间距狭窄的直线要标上记号后再以单平斩或双平斩凿开线孔。

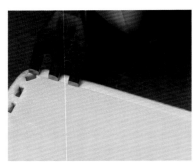

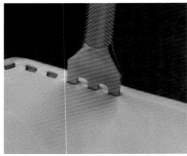

04 将三平斩的第一只斩脚跨至圆弧处的基准点中，并以斩脚压出记号。完成后便可以进行凿孔作业。

05 接近下个基准点时需保留一段距离，先使用单平斩或双平斩压出记号，调整间距后再凿孔。

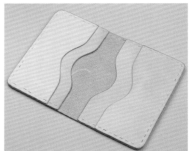

06 以相同要领凿开整圈线孔。作业时要随时留心，保持线孔大小与间隔的统一，以免产生过度密集的段落。

绕缠缝

绕缠缝为各种缠边种类中最基本的手法。因为只需用皮绳依序缠绕每个线孔，所以也可说是较为容易的作业。想制作出漂亮的绕缠缝针脚，重点在于妥善处理皮绳起点与终点的部分。需衔接起点与终点的整圈缠边作业的结尾方式与一般结尾方式不同，因此此处会分成两部分进行解说。绕缠缝的皮绳要准备为缠边距离的 3 倍长。

基本流程 同时解说起点与终点的处理方式。

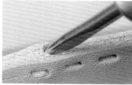

01 于起针线孔与第二个线孔之间自侧边插入皮绳针，以凿开连接背面的起针线孔。

02 自侧边将皮绳针穿过该孔，由背面起针线孔穿出。拉出皮绳，侧边保留约 1cm 的长度。

03 自正面起针线孔穿过皮绳针。拉出皮绳时要抓住侧边上的绳头。

04 绕过侧边后再次从正面将针穿入下个线孔。重复此动作以进行缠边作业。

05 使用均等的力道进行缠边动作，并于终点前一个线孔处暂停。

06 于终点及其前一个线孔的正中央侧边凿开一个线孔。

07 缠绕至最终线孔后不用拉紧，只需绕出小圆环即可。将皮绳针穿过该圆环后再次穿入最终线孔，并由侧边上的线孔穿出。最后对双重绕圈的部分进行调整，拉紧皮绳即可。

08 尽量自底部剪去多余的皮绳，并将突出的部分埋入侧边中。起针处也要以同样的方式处理。

09 再次使用皮绳针调整终点与切口。

10 使用木锤侧面轻敲针脚，使皮绳服帖于皮革上即大功告成。

缠边

整圈作业的流程　　衔接起点与终点，缠绕整圈侧边的方法。

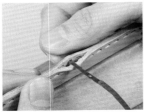

01 起针线孔周围要保留约 2cm 长无贴合的部位。自侧边间隙将皮绳穿过背面线孔，尾端保留约 1cm 后，便可自正面穿过下个线孔。

02 此时将作业中的皮绳压过自侧边突出的绳头，以便将其绑紧。自下个线孔开始，以一般的绕缠缝方式进行即可。

03 转角与边角处需要于同线孔缠绕 2 次，注意皮绳间距不可过大。调整间距，尽可能保持一定的距离。

POINT

04 皮绳针穿入最终线孔后不可直接穿至背面，要从侧边间隙与前一线孔的绳环下穿出。

05 使用皮绳针将前一线孔的绳环和最终线孔的绳环依序拉紧。用力压紧自侧边穿出的皮绳，针脚便会显得整齐。

06 尽可能自底部剪去突出于侧边的皮绳。

07 使用皮绳针将绳头压入侧边内，再以白胶贴合侧边间隙。尽可能避免留下痕迹。

08 使用木锤侧面敲打皮绳，使其服帖于皮革上即完成。

双缠缝

双缠缝使用的皮绳量比绕缠缝多，外观也较为华丽。乍看之下似乎做法复杂，但其实只需重复进行单一步骤即可，所以只要确实将起针与结尾处理妥善，作业就不会太困难。作业时记得适度调整力道，以免拉绳力道过度，导致"X"状针脚偏离侧边中心，进而影响外观美感。皮绳准备为缠边距离的7倍长。

基本流程 　起针与结尾处理稍较复杂，请多加留意。

01 自正面将皮针穿过起针线孔。此时将皮绳肉面层朝上。

02 保留约1cm的绳头，并自后端压往皮革，接着再自正面将针穿过第二个线孔。

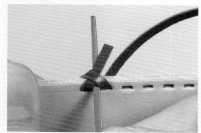

POINT

将绳头卷绕于圆环内侧并拉紧，此时会形成"X"状针脚。接着自正面将针穿过"X"状针脚下方。

03

以适当的力道拉紧皮绳，接着再自正面将皮绳针穿过下个线孔，完成后再次拉紧皮绳。

04

05 如此便会往前再形成一个"X"状针脚，再以步骤03中的方法自"X"状针脚下方穿过皮绳针并拉紧皮绳。之后的线孔也皆要以同样的顺序反复进行缠边。

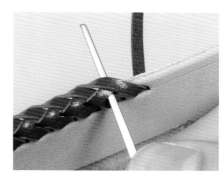

持续相同作业至皮绳针穿过最终线孔，并自前一个"X"针脚下方穿出。

06

07 穿过"X"状针脚并拉紧皮绳，再由绳结尾端入针，自皮绳与侧边间隙往前经过3个线孔后即可穿出。

拉紧皮绳，整理针脚。完成后尽可能自底部将多余的皮绳剪去即大功告成。

08

整圈作业的流程　　衔接起点与终点，缠绕整圈侧边的方法。

POINT

自正面将皮绳针穿过起针线孔，尾端保留约 2cm 长的绳头。将皮绳绕过绳头一圈后再穿过下个线孔。

01

按照左图中的方向将皮绳绕一圈后便会形成"X"状针脚，接着将皮绳针自"X"状针脚下方穿过即可。

02

接着往前以此方式依序缠绕出双缠缝针脚。

03

04　转角及深弧处要于相同线孔进行 2 次缠边作业。作业时注意调整位置平衡，以确保侧边外侧的针脚为均等幅宽。

完成转角的 2 次缠边作业后，即可以一般的步骤继续缠绕下个线孔。

05

完成倒数第二个线孔的缠边后需先暂停作业，将步骤 01 中预留的绳头自绳环中抽出（左图）。接着自侧边间隙将绳头自起针线孔抽出（右图）。绳环部分要保持原状。

06

将自侧边穿出的绳头剪至 1cm 长并收于侧边缝隙中。接着使用皮绳针于缝隙内侧涂上 DIABOND 强力胶，以固定收于内侧的绳头。

07

08 自正面将皮绳针穿过最终线孔。

09 接着由下至上将皮绳针穿过步骤 06 中所形成的绳环。

10 自正面将针穿过前方的"X"状针脚。

11 再次将针穿过绳环。此次与步骤 09 相反，要由上至下穿过皮绳针。

12 拉紧皮绳前需推拢起针与结尾处的针脚，以调整成均等间距。

13 使用皮绳针仔细整理侧边附近的皮绳。

14 将针穿过正面起针线孔（步骤 06 中抽出皮绳的线孔），并由侧边隙缝间穿出。

15 拉紧皮绳后，再以皮绳针自正反两侧调整针脚。

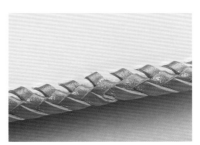

16 尽可能自底部将多余的皮绳剪除，如此便大功告成。

缠边之必学小技巧

在进行皮绳使用量较多的双缠缝，或是缠边距离较长的作业时，一定会碰到作业途中皮绳不足的情况。此时便需要接长皮绳的方法。另外，缠边技法可运用于各式各样的作品上，因此也必须学会各种形状边角的缠边方法。上述两种方法将于此节进行解说。

接长皮绳的方法 于缠边途中接长皮绳的方法。

01 如左图所示，当剩下的皮绳接近皮绳针长度时便要进行接长作业。此时要自针尾前将皮绳剪断。

将剩余的皮绳置于玻璃板上，并以裁皮刀自皮面层侧斜向削薄约 1cm 的长度。

02

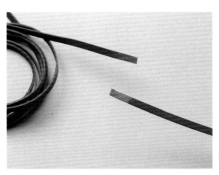

准备衔接的新皮绳则要自肉面层侧斜向削薄约 1cm 的长度。

03

于两侧皮绳的削薄面涂上少量 DIABOND 强力胶，并将两侧皮面层黏合。注意不可让强力胶流出。

04

使用木锤柄轻轻敲打黏合部分，使其黏紧。注意不可过度用力，以免使皮绳受到损伤。

05

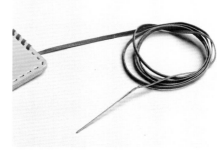

以上便完成接长作业。拉绳动作要暂时小心地进行，以避免使接合处剥离。

06

转角及边角的缠绕方法 边角部分的穿绳方法要多花点心思，以便绕出固定的针脚。

若转角基准点为7号圆斩所凿开的圆孔，作业时便要重复缠绕数次，以便做出同幅宽的针脚。

01

若为照片中的转角，则大约于相同线孔重复缠绕3次即可。请仔细观察外侧的针脚，并无产生缝隙且保有相同的间距。另外，重复缠绕转角也可达到补强的作用。

02

☑ **CHECK**

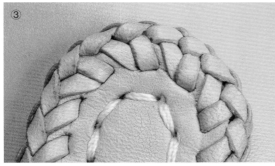

圆弧形状相当多变，因此必须根据每件作品的情形，改变缠边的方法。①为大型圆弧，需凿开 2 孔并各缠绕 2 次。②的圆弧弧度平缓，需凿开 3 孔并各缠绕 2 次。③的圆弧极深，因此需凿开 4 孔并各缠绕 2 次。只要善加运用基本技巧，无论是何种圆弧，皆能制作出均衡、美观的针脚。

[名革珍革小档案 6]

蛇皮 Snake

以蛇皮为主流的特殊皮料，经常运用于鞋靴、皮夹、皮带等单品的制作上。此处介绍的为网纹蟒的皮。网纹蟒全身具有由鳞片组成的钻石形图案，在日本被称为锦蛇。因其皮质薄脆，所以必须贴于牛皮等皮料上后再使用。经过补强后，网纹蟒皮便可成为较容易使用的皮料。网纹蟒皮的外观印象较为硬派，因此适合用以装饰硬派风格的骑士系列或摇滚系列作品。另外，似乎也很适合搭配铆钉等金属配件。

蜥蜴皮 Lizard

蜥蜴皮具有鲜艳的光泽与细腻的鳞纹，以及极为真实的爬虫类质感。这种质感甚至会让讨厌爬虫类的人不自主地想移开视线。蜥蜴皮除了此处所介绍的哥伦比亚南美蜥蜴皮之外，市面上还流通有数种品种，而各品种皆有其独特的风格与个性。蜥蜴皮通常会用于制作表带或靴子等制品，不过因其皮质薄，耐用性低，所以要与蛇皮一样贴于牛皮上，补强后再使用。

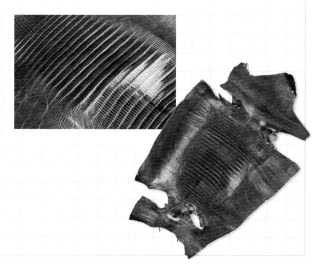

凿孔

在皮革上凿圆孔的凿孔工具被称为圆斩，其前端为圆形刀刃，以木锤等工具将其敲入皮革中，便可凿出漂亮的圆孔，并能避免切口的参差不齐。除此之外，亦有其他各种不同形状及用途的凿孔工具，但要视所需善加运用。

<h1>灵活运用凿孔工具，凿出漂亮的孔洞</h1>

若想在皮革上安装金属配件，便要进行凿安装孔的作业。凿孔工具有圆斩、皮带斩与单平斩等各式各样的种类，要配合金属配件的尺寸与形状加以选用。此篇会依序解说如何善用这些工具，以凿出漂亮洞孔的方法。

首先要谨记，皮革一旦凿开洞孔便无法复原，因此必须于正确的位置上凿出正确尺寸的洞孔。若能事先于碎革上测试，确认所凿洞孔是否为适合该金属配件的尺寸，便可避免错误。本书第 142 页中刊载了 Craft 社的各项扣类与圆斩尺寸的对照表，请参考利用。另外，使用圆锥自纸型将孔位标于皮革上时，也要尽可能地自记号正中心刺入，以避免产生误差。

仔细确认孔位与尺寸，进入实际用工具凿开孔洞的阶段时，要更加谨慎地进行作业。凿孔与安装金属配件并不需要一气呵成，分次使用木锤敲打以确实完成作业才为重点所在。

圆孔的凿孔方法

凿孔作业中，最常使用的工具即为圆斩。圆斩为凿圆孔的工具，Craft 社的圆斩尺寸分为 0.6mm（2 号）~30mm（100 号）。通常用以安装金属配件的圆孔多使用 8~15 号圆斩。另外也有可凿出装饰孔（星星、爱心等形状）的花斩，以及方便安装背带的椭圆形斩等各式斩具，可根据需要，加以选择运用。

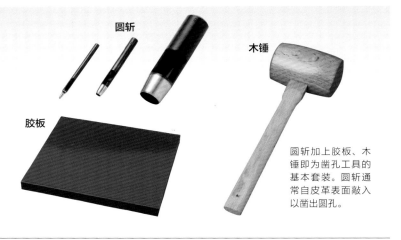

圆斩

木锤

胶板

圆斩加上胶板、木锤即为凿孔工具的基本套装。圆斩通常自皮革表面敲入以凿出圆孔。

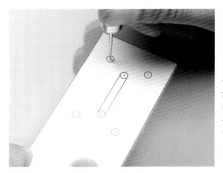

以背带的安装部位为例，解说圆斩的使用方法。首先将纸型贴齐皮革，接着使用圆锥标出圆孔的正确位置记号。

01

已标出各圆孔的位置。垂直将圆锥刺穿记号的中心点即可，避免钻出过大的圆洞。

02

03 凿孔前，需先将记号点作为中心，以圆斩压出圆形痕迹。移开圆斩，确认记号点是否位于中央。

于下方垫上胶板后，垂直将圆斩对准步骤 03 中压出的圆形痕迹。接着便可垂直敲下木锤，将圆斩敲入皮革。**04**

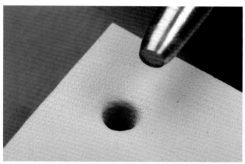

圆斩只要确实穿至胶板便可凿开圆孔。较厚的皮革无法一气呵成，因此要敲打 2~3 次，注意作业时不可移动圆斩位置。另外也可先于碎革上试敲，以确认力道。**05**

☑ **CHECK**

偏椭圆的皮带孔在实际使用中更加方便，因此，此处便需使用称为"皮带孔斩"的椭圆形斩具凿孔（左图中的左侧孔洞）。

凿取直径较大的圆孔时，会产生部分区段未凿断的现象。因此必须变换木锤的敲打位置，并多敲几次，使整圈刀刃确实打穿皮革。

花斩可凿出装饰孔，使用方法与圆斩相同。Craft 社花斩共有 20 种款式。

长圆孔的凿孔方法

皮带斩为凿长圆形孔用的工具。正如其名，主要用于凿取皮带安装孔。皮带斩的基本使用方法与圆斩相同，但因孔形较长，使用时需要一些诀窍。另外，此节中也会一并解说使用圆斩与裁皮刀代替皮带斩凿出长圆孔的方法。虽然这么说可能会让人感到皮带斩非必要工具，但是使用皮带斩不但能降低失败概率，还能迅速凿出漂亮的长圆孔。

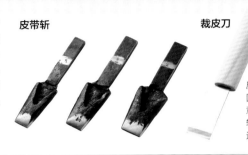

皮带斩　　　　　　　　　　　**裁皮刀**

皮带斩也有多种尺寸，因此使用时要多加留意。裁皮刀要选用幅宽较窄的款式。除此之外，还需准备胶板及木锤。

使用皮带斩凿长圆孔的方法　　此处将对反复使用皮带斩以扩展孔长的方法进行解说。

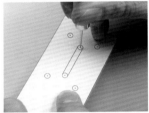

01 将纸型贴齐皮革，再将长圆孔两端的圆圈位置标于皮革上。

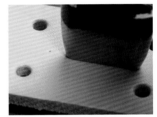

02 将皮带斩置于皮革上，以压出长圆孔的位置记号。

POINT

03 若皮带斩长度不足，可如图分成2次压出适当的长圆孔。如此便可应付各种尺寸的长圆孔。

使用方法与圆斩相同，垂直拿取皮带斩，由正上方敲下木锤，将其敲入皮革。因面积较长，所以需要分成前后两部分敲打，以便确实将整圈刀刃敲穿皮革。**04**

移动皮带斩，以凿开连贯两端的长圆孔。注意凿孔位置不可偏离，以免导致长孔弯曲。**05**

☑ **CHECK**

皮带尾斩

制作皮带的相关工具还有"皮带尾斩"，它可将皮带尾部修整成漂亮的形状。手工削出剑形切口很难，但使用皮带尾斩便可轻松切出左右对称、形状尖锐的剑形。

使用圆斩与裁皮刀凿长圆孔的方法　若无皮带斩，也可使用圆斩与裁皮刀凿出长圆孔。

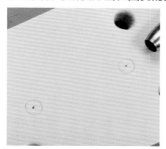

01 使用符合孔宽的圆斩于长圆孔两侧的记号点处压出圆形记号。记号点须位于圆圈中心，以避免孔位倾斜。

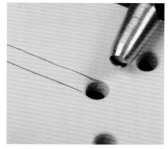

02 使用量尺与圆锥画出连接两端圆圈外侧的切线，以画出长圆孔的轮廓。

03 使用裁皮刀割开步骤 02 中画出的切线。自两端切入刀刃，注意不可切到外侧。

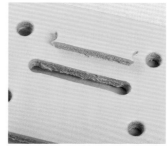

04 割开两侧切线后再以圆斩凿开两端圆孔，如此便可凿出长圆孔。

细线孔的凿孔方法

　　使用"转扣"或"磁扣"等需要弯折扣脚固定于皮件上的金属配件时，必须先凿出穿扣脚用的线状安装孔。最适合此项作业的工具即为"单平斩"。除此之外，单平斩也经常用于制作金属配件的安装孔（详细情况请参考第 143 页"金属配件"篇）。单平斩的使用方法极为简单，只需垂直刺入皮革即可。不过，长度较长的线孔容易凿歪，因此作业时要慎之又慎。另外，在平行细线孔的凿孔作业当中，准确度量金属配件的扣脚间距也相当重要。

单平斩

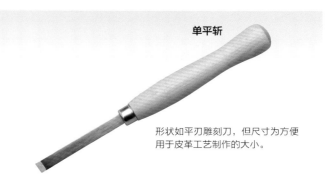

形状如平刃雕刻刀，但尺寸为方便用于皮革工艺制作的大小。

自纸型将转扣或磁扣的安装孔位置及间隔距离正确地标于皮革上。于记号线两端压上记号点，便可取得更准确的位置距离。

01

02 自正上方俯视记号，并将单平斩置于点与点之间，对齐后直接垂直向下压切刀刃即可。作业时要留意两侧孔位是否平行。

扣类与工具的尺寸对照

若想制作出充满原创风格的皮件，最不可或缺的即为扣类等金属配件。但若想将扣具安装至皮革上，便必须使用其各自的专用的工具、打台等。若无这些工具，则无法顺利地将扣类等配件牢固且漂亮地安装至皮革上。

即使相同的金属配件，尺寸也有大、中、小之分，因此必须准备不同尺寸的专用工具。尺寸相近的工具有时无法以目测得知，所以必须仔细确认包装上的记载说明。

鸡眼扣所对应尺寸的工具及打台一般为整套售卖。固定扣、四合扣、牛仔扣等的工具及打台虽也有套装，但亦有分开售卖的散装工具。不过，使用散装工具时，要另外准备符合各种扣类尺寸与款式的打台或万用环状台。万用环状台的价格比一般打台高，但因其可对应各种尺寸的扣类，所以性价比较高。另外，装饰固定扣与角形固定扣的面盖形状较为特殊，因此必须使用适用于该扣类的工具。

■ 扣类与工具对照表（2012 年 8 月·Craft 社）

编　号	品名（扣类）	建议圆斩尺寸	编号	品名（打具）
1001	单面固定扣 极小（4mm）	6 号	8270	特制固定扣打具（极小）
1002	单面固定扣 小（6mm）	8 号	8271	固定扣打具（小）
1004	单面固定扣 中（9mm）	10 号	8272	固定扣打具（中）
1005	双面固定扣 小（6mm 脚长）	8 号	8271	固定扣打具（小）
1007	双面固定扣 小（6mm 双脚）	8 号	8271	固定扣打具（小）
1006	双面固定扣 中（9mm 脚长）	10 号	8272	固定扣打具（中）
1010	双面固定扣 大（12mm 脚长）	12 号	8273	固定扣打具（大）
1014	装饰固定扣 中（9mm）	10 号	8275	装饰固定扣打具（中）
1016	角形固定扣 中（9mm）	10 号	8279	角形固定扣打具（中）
1018	单脚螺丝（9mm）	12 号	—	—
1041	四合扣 小（10mm）	8 号 & 15 号	8281	四合扣打具（中）
1042	四合扣 中（12mm）	8 号 & 15 号	8281	四合扣打具（中）
1045（1046）	四合扣（13mm）	10 号 & 18 号	8282	四合扣打具（大）
1064	牛仔扣 中（13mm）	10 号	8285	牛仔扣打具（中）
1066	牛仔扣 大（15mm）	12 号	8286	牛仔扣打具（大）
1161	鸡眼扣 极小 No.300	15 号	8331	鸡眼扣打具 No.300
1165	鸡眼扣 中 No.20	25 号	8288	鸡眼扣打具 No.20
1167	鸡眼扣 大 No.23	30 号	8289	鸡眼扣打具 No.23
1169	鸡眼扣 特大 No.25	30 号	8290	鸡眼扣打具 No.25

金属配件

金属配件不仅是皮件作品常用的重要部件，更是皮件作品设计的重要元素。本篇将依次介绍皮革工艺中常用的金属配件的特点和安装方式。大部分金属配件在安装时皆需使用专用的工具，因此必须于制作前准备妥当。有时候相同的金属配件又可分成不同尺寸，因此必须根据作品的实际情况善加选用。

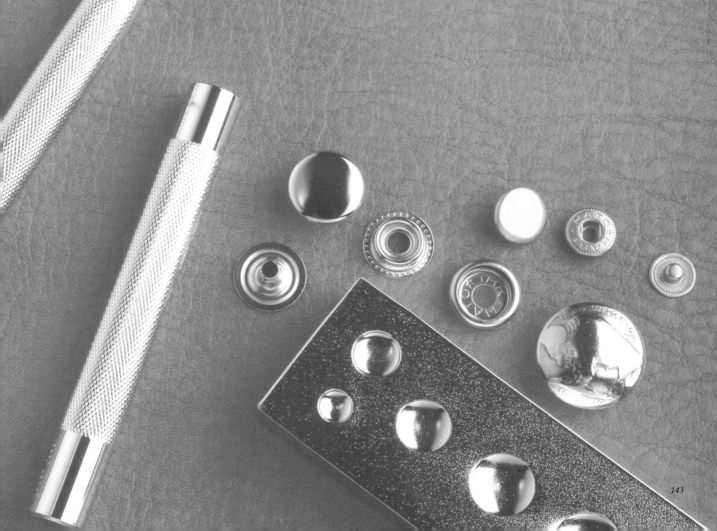

各式金属配件的安装方法

金属配件除了固定的用途之外，还可以当作装饰物。因此，若能善加运用，便可制作出独一无二的作品。金属配件的安装方式很多，需要视金属配件的种类而定，大致上可分为：使用打具敲打，使其变形以固定的扣类；以螺丝固定的扣类；弯折扣脚以固定的扣类；以缝合、缠绕等方式安装的配件。此处介绍的为一般金属配件的安装方法。使用皮件时，金属配件的部分经常会承受较大的重力，所以安装时要多加留意该配件是否确实固定，以避免发生脱落情形。

此外，大部分的金属配件在安装时需要凿取安装用孔。正确的凿孔方式请参照本书第137页"凿孔"的单元。

四合扣的安装方法

四合扣常用于固定零钱包或名片夹的翻盖等体积较小的部位。其特征为能够轻松脱扣，以及具有非常优秀的装饰性。但因其结合力较弱，所以不适合用于体积较大的部位和需承受高强度拉力、重力的部位。四合扣的母扣内含有2片弹簧，扣合时只需将公扣上的凸起物夹入其间便可固定。安装时须注意，使用打具敲打母扣时若用力过度会使其变形，导致结合力降低或无法扣合。因此需要事先练习，以掌握施力的程度。另外，四合扣的扣脚较短，因此只适合用于2mm以下的薄质皮革。

胶板　**木锤**　**四合扣打具**　**万用环状台**

固定四合扣用的打具一组为2支，分为公扣用和母扣用。作业时还应准备敲打台、胶板和木锤等工具。

▶ 安装公扣与底座

01 于安装位置上凿开对应尺寸的圆孔。

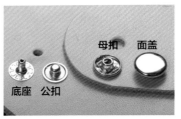

底座　公扣　母扣　面盖

02 公扣与底座、母扣与面盖各为一组，配对安装即可。

POINT

将底扣插入皮革后，若表面不能露出些许凹槽部分，则代表皮革过厚，无法确实固定，因此要多加注意。

03

04 使用万用环状台底部平面部分。

将穿过圆孔的底座置于平台，并将公扣盖于其上。接着以公扣用四合扣打具盖住公扣，并调整为垂直状。

05

保持四合扣打具为垂直状态，并以木锤敲打4~6次。若两片零件已完全结合，敲打的手感便会有所不同。

06

►安装母扣与面盖

将需要与母扣接合的面盖颠倒置于万用环状台的凹槽中。应该会有合适其尺寸的凹槽。

07

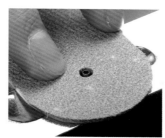

08 盖上皮革零件后再穿入母扣。用力压紧皮革零件，以免位置偏离。

09 使用母扣用四合扣打具敲合。

10 将与母扣圆孔相同形状的凸面插入其中，并敲打 4~6 次即可。

11 两侧扣件只要敲合至无法以手转动的程度即可。

☑ **CHECK**

母扣中的两片弹簧方向要配合脱扣方向（照片中的箭头方向），如此除了能方便脱扣之外，也能延长弹簧的寿命。虽然固定成垂直方向结合力较强，但弹簧的寿命会减短。

完成后要反复进行数次脱扣动作，以确认使用状态是否良好。另外，注意敲打力道不可过强，以免导致四合扣变形，无法扣合。

12

☑ **CHECK**

扁扣

使用扁扣代替面盖能抑制厚度产生。通常扁扣会使用于两片要贴合的皮革零件之间。

安装方法皆相同。虽然母扣侧所使用的打具相同，但打台要配合扁扣的平坦形状，改用万用环状台底部。

牛仔扣的安装方法

牛仔扣的形状与四合扣相似，但其特征为扣脚较长且粗，可使用于 1.5~4.5mm 厚的皮革。牛仔扣的扣合力比四合扣强，且耐用性较高，通常会用于皮包与衣饰类用品上。另外，因其与四合扣同样具有高度的装饰性，所以此两种扣具可说是最常被使用的金属配件之一。牛仔扣与四合扣的构造大致相同，而不同之处则为四合扣是以 2 片弹簧固定公扣，牛仔扣是以圆形弹簧固定公扣。

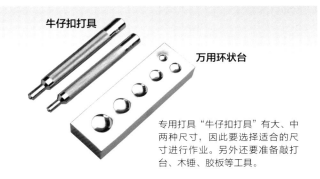

牛仔扣打具

万用环状台

专用打具"牛仔扣打具"有大、中两种尺寸，因此要选择适合的尺寸进行作业。另外还要准备敲打台、木锤、胶板等工具。

▶安装公扣与底座

左侧的底座与公扣为一组，右侧的母扣与面盖为一组。组合时不可弄错！

01

02 将底座穿过皮革零件的安装孔并置于万用环状台平面。确认扣脚突出皮革表面 2~3mm。

于底座上方盖上公扣。注意扣脚要稍微突出，否则无法敲合。

03

04 垂直握取牛仔扣打具，并将斩头贴齐底座扣脚。敲合的准备工作便完成了。

维持打具的垂直角度，并以木锤敲打4~6 次。

05

敲打后底扣扣脚会向外开花变形，如此便能固定公扣。敲打至无法用手转动的程度即可。

06

▶ 安装母扣与面盖

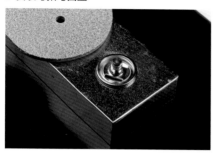

将面盖置于万用环状台的凹槽中。要选用对应尺寸的凹槽，以免面盖变形。

07

08 将面盖扣脚穿过皮革零件上的安装孔，接着再于上方装入母扣。同样要确认扣脚是否有稍微突出。

使用与公扣侧相同的打具。同前方作业方式，垂直拿取打具，并将斩头贴齐扣脚，再以木锤敲打 4~6 次即可。

09

确认是否无法用手转动。完成后试着重复脱扣数次，确认使用状态是否良好。

10

磁扣的安装方法

　　日文中一般称磁扣为"Magune"，其实为"Magnet"的简称。正如其名，磁扣由 2 片内藏磁石的零件组成，借由磁石相互的吸引力而得以扣合。磁扣与牛仔扣等扣类不同，其无弹簧构造，所以相对较薄且较容易脱扣，因此多使用于手拿包的皮件制作上。磁扣的背面有 2 根扣脚，将扣脚穿过皮革上的安装孔及挡片后弯折便可固定。扣脚部分需要使用里衬或衬革等遮盖，以藏于内侧。须注意，作业时要尽量自底部弯折扣脚，以免成品的磁扣部分向外突起，显得过于醒目。

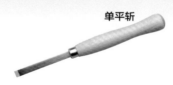 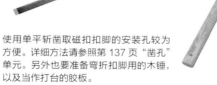

单平斩　　**木锤**

使用单平斩凿取磁扣扣脚的安装孔较为方便。详细方法请参照第 137 页"凿孔"单元。另外也要准备弯折扣脚用的木锤，以及当作打台的胶板。

01 于皮革上凿出对应扣脚的切线。

将扣脚穿过切线并于背面装上挡片，接着置于胶板上，以木锤柄头自扣脚底部折弯。若使用敲打的方式弯折扣脚，会使扣具受损，因此需用按压的方式将其压平。

02

03 将磁扣的凹面安装于皮件主体侧、凸面安装于翻盖或舌扣零件上即可。

转扣的安装方法

转扣为借由转头与盖头的错位以达到固定的金属扣具。转扣多用来当作装饰性的设计，经常用于女性皮包等单品上。安装方法与磁扣同为弯折扣脚以固定的形式，但盖头侧的皮革必须先行凿开相同形状的洞孔。另外也要准备单平斩、木锤及胶板等工具。

上方2个椭圆形配件为盖头及安装于背面的底座。下方则为转头与安装于背面的挡片。盖头与转头皆需要将扣脚穿至背面，再弯折固定。

01

02 将转头的扣脚穿过安装孔。

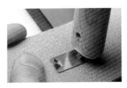

于背面装上挡片，以木锤柄头将扣脚压弯。要尽可能自底部弯折。

03

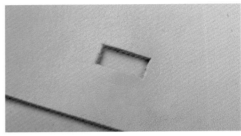

04 翻盖需要先凿开与盖头形状相同的安装孔。此洞是先以单平斩于左右侧凿出细孔，再以美工刀等工具割开制成。

05 自背面装上底座。方框内侧具有向外突起的短金属片，将其贴齐安装孔内侧即可。

06 自正面插入盖头扣脚，要确实插至底部。

将正反面颠倒，置于胶板上，以木锤柄头压弯盖头扣脚。此处也要尽可能地自底部弯折。

07

08 以上即完成了转扣的安装作业。将盖头盖于转头上，以确认是否能够正常扣合。

原子扣的安装方法

　　原子扣又名和尚头，是将扣头部分穿入凿于皮革上的圆孔进而扣合物件的金属扣具。原子扣有各种尺寸，可依照需要固定的皮件零件的大小与部位选用适当的款式。原子扣的安装方式可分为较方便的螺丝式和需经敲打固定的四合扣式。此处以较为主流的螺丝式原子扣进行安装步骤的解说。事实上，相较于原子扣的安装方法，凿取承接扣头用的固定孔的方法更为重要。固定孔侧要凿出扣头的插入孔、隙缝、防裂孔等。而插入孔在使用后会渐渐松开，因此最初凿成有点紧的尺寸会比较好。

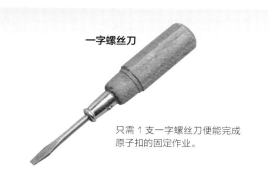

一字螺丝刀

只需 1 支一字螺丝刀便能完成原子扣的固定作业。

安装原子扣侧的皮革上需要凿开 1 个圆孔。插入侧（舌扣或翻盖）则需要凿开插入孔、隙缝以及防裂孔。凿孔尺寸请参见右图。

01

6mm原子扣	5mm原子扣
12号	10号
7.5mm	5mm
6号	5号

02 自安装孔的背面穿入螺丝，正面套上原子扣并用手拧转。事先于螺丝上涂抹白胶或防脱落剂便可固定得更加牢固。

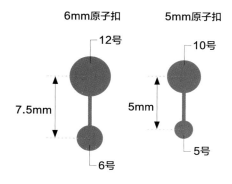

03 转至无法以手拧转为止，换用一字螺丝刀将其锁紧。注意，必须确实将其拧紧固定。

由正面看，将螺丝拧至原子扣的台座部分稍微陷入皮面层中的程度即可。

04

实际将原子扣插入固定孔中确认扣合情形，因使用后扣合力会渐渐减弱，所以一开始有点紧会比较好。

05

固定扣的安装方法

固定扣除了被单纯地用来当作装饰扣之外，当需要确实固定两片皮革时也会使用到固定扣。因固定扣有各种尺寸及扣脚长，所以必须视使用部位及皮革厚度挑选合适的款式。此处所介绍的款式为双面皆有面盖的双面固定扣，不过也有单一面盖的单面固定扣。单面固定扣的底扣背面无装饰效果，但因其为扁平状，所以可避免产生厚度。另外，还有面盖为星形或金字塔形的装饰固定扣。

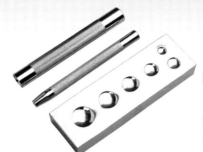

固定扣打具 & 万用环状台

准备符合所用固定扣尺寸的固定扣打具与万用环状台。装饰固定扣则另有专用打具。

01 凿开符合面盖扣脚尺寸的圆孔。此处为中型长脚固定扣，圆孔要以10号圆斩凿取。

02 自背面穿入底座。确认侧面的凹槽是否已穿至皮面层侧。

03 将底座背面置于万用环状台的凹槽中，再于上方盖入面盖。

将对应尺寸的固定扣打具贴齐面盖的圆弧并保持垂直，接着以木锤分4~6次将其敲合固定。单面固定扣的背面为扁平状，因此将万用环状台的底部平面当作敲打台即可。

04

敲至面盖稍微陷入皮面层中，无法用手指转动面盖即固定完成。

05

鸡眼扣的安装方法

　　当将椭圆形扣环或金属链等配件穿过皮革上的孔洞时，会先于该孔上安装环形的鸡眼扣以作为补强或装饰。鸡眼扣有极小（直径4.6mm）、中（直径8.1mm）、大（直径8.6mm）、特大（直径9mm）等4种款式，要视穿附品与主体的大小加以选用。安装方式极为简单，以专用打具敲合固定即可。

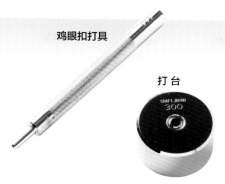

鸡眼扣打具

打台

准备中央有长形突起的专用鸡眼扣打具以及专用打台。鸡眼扣的打台形状较为特殊，因此无法以万用环状台取代。还要准备胶板与木锤。

01 此处以极小型鸡眼扣为例，依序介绍安装步骤。中央为以15号圆斩凿出的圆孔，右侧为鸡眼扣，左侧为安装于背面的挡片。

02 鸡眼扣打具的打台形状较为特殊，中央孔洞周边的凹槽主要是用于收纳鸡眼扣突起的圆环部分。打具及打台也有多种尺寸。

自皮革正面将鸡眼扣扣脚插入圆孔，确认扣脚微微凸出洞外后便可盖上挡片。注意，挡片内缘下凹的面要朝上放置。

03

将插入皮革中的鸡眼扣设置于打台上（如步骤**02**右图的状态），再将鸡眼扣打具突起的部分垂直插入圆环。接着以木锤敲打4~6次，使其接合。注意力道，避免鸡眼扣变形。

04

金属配件

饰扣的安装方法

　　饰扣为皮革工艺中典型的装饰金属配件，经常被用来制作骑士风系列的皮夹等作品。此处介绍的为主流的螺丝式饰扣安装方法。另外，在皮件舌扣等处也会经常看到饰扣与牛仔扣的组合，在此会一并进行解说。

十字螺丝刀 & 一字螺丝刀

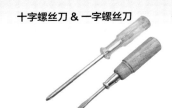

牛仔扣打具 & 万用环状台

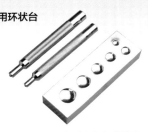

螺丝式饰扣要依照所附螺丝款式准备十字或一字螺丝刀。与牛仔扣组合使用的饰扣还需准备打具及打台，当然也不可少了胶板及木锤。

螺丝式饰扣的安装方法　　将同组的螺丝自背面拧紧固定。

饰扣背面附有可与螺丝嵌合的圆柱，因此需要于皮革上凿取符合该圆柱尺寸的圆孔。

01

02 压紧饰扣并同时锁紧螺丝。要使用至少能够拧转 3~4 回的厚皮革。事先于螺丝上涂抹白胶或防脱落剂，便可固定得更为牢固。

与牛仔扣组合的方法①　　自饰扣背面以螺丝锁上母扣使其固定。

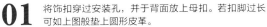

01 将饰扣穿过安装孔，并于背面放上母扣。若扣脚过长可如上图般垫上圆形皮革。

02 与上方步骤 02 相同，使用螺丝刀锁紧固定。

03 对应的公扣则以一般方法敲合固定。

与牛仔扣组合的方法②　　螺丝无法锁入母扣，方法①无法使用时的安装方式。

准备厚皮革和薄皮革的舌扣各一份，以便做成衬革形式。牛仔扣不使用面盖，母扣与公扣皆需安装底座并固定。以一般方式将饰扣固定于厚舌扣上。

01

02 将母扣和公扣分别与底座组合。将公扣安装于薄舌扣上。安装母扣的皮革需要稍微有点厚度。

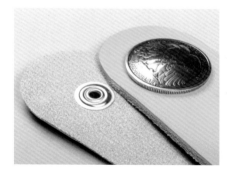

03 厚质的表革上已用螺丝固定饰扣，薄质的衬革上也已将公扣敲合固定。饰扣的螺丝在组装后便无法重新拧紧，因此在组装时要先涂抹防脱落剂等胶剂，使其完全固定。

04 主体侧以一般方式将底座与母扣敲合固定即可。

05 贴合两片舌扣并缝合。因是以底座固定，所以不会产生厚度。

金属扣件的拆取方法

　　此处要来解说至目前为止所介绍过的各式金属扣件的拆卸方法。当遇到扣件装歪或是装错时，又或是当扣件损坏时，便要拆取固定于皮件上的扣件。若为螺丝式的扣件，只要松开螺丝即可。但若是完全铆接的敲合式扣件，便要使用平口剪钳将扣件破坏后再进行拆卸。因此，接下来便要解说如何避免伤及皮革，漂亮拆取扣件的方法。

平口剪钳
平口剪钳类似尖嘴钳与平头铁钳的综合款。因前端平薄，所以可将刀刃伸入金属扣件与皮革间的空隙。

01 使用平口剪钳慢慢掀起扣件的边缘。将两端往中央翻起，使其呈现微微浮起的状态。

02 自两端的缝隙深入平口剪钳的刀刃，只要剪断扣脚，便能安全地将扣件从孔中抽出。

拉链的安装方法

　　无论是小型皮件作品，还是大型皮件作品，都会经常用到拉链。将拉链安装于零钱包、化妆包、皮包等开口部位，便能确实关闭开口，防止内部物品掉出，因此非常实用。拉链的安装方法简单，只需将拉链两侧的布带直接缝至皮革上即可。手缝作业时，先用黏合剂将拉链与皮革确实黏紧，再进行缝合即可。建议使用不会破坏布带柔软性的 DIABOND 强力胶，确保硬化后也能保有柔软性。若使用机器车缝，则可使用细双面胶做暂时固定。此外，缝线的起针处要设定于使用时较不承受重力的尾端（拉链闭合时的后段）。

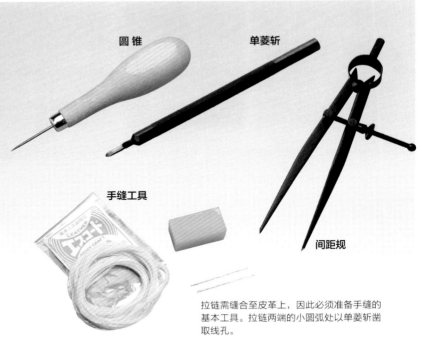

圆锥　　单菱斩

手缝工具　　间距规

拉链需缝合至皮革上，因此必须准备手缝的基本工具。拉链两端的小圆弧处以单菱斩凿取线孔。

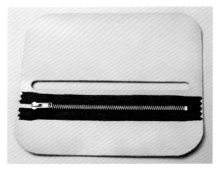

凿于皮革上的拉链安装长孔尺寸需比拉链本身上下各多3mm、左右各多5mm。

01

02 将拉链两端多余的布料剪除。此时要确保拉链整体尺寸刚好能完全盖住长孔。

03 布带为化学纤维材质，因此只要用火稍微烧过切口，便能防止绽线。

04 将 DIABOND 强力胶涂于拉链四周的布上。须注意，要涂于皮革能遮住的范围内。将长孔周边涂上强力胶后，便可将拉链置于下方，再对齐贴上皮革即可。

05 确认拉链是否笔直地位于长孔的中央。背面也要确认。

06 使用间距规于长孔周边画出缝线。此处要将间距规设定成3mm宽。仔细作业，以画出等宽幅的小圆弧。

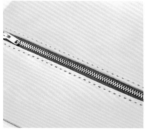

07 先于圆弧处以单菱斩凿开线孔。接着使用双菱斩等工具压取两圆弧间的线孔记号，完成后再凿开线孔。

08 以一般的平缝法缝合。虽然自背面（布带侧）起针，但因线孔位置不明显，所以作业时要先自正面穿过些许针尖，确认线孔位置后再进行缝合。

09 缝完一圈后，便可剪断线头，并涂上强力胶固定。上图是将起针处设于完成后较不明显的直线部分。

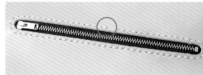

10 通常，拉链闭合时拉头都会位于正面的左侧。起针位置为下图红色圆圈记号处。

金属配件

☑ **CHECK**

当拉链两端如左图般为左右分开的状态时，若想补强拉链的强度，便必须将带头弯折并贴合固定，而非以火熔化固定。将带头往内折后再向外折成三角形，接着于重叠部分上涂抹黏合剂后贴合即可。若有多余的布带，则要剪除。

带扣的安装方法

带扣为固定皮带的金属配件，其种类很多，有简单的样式，也有充满装饰性的款式。因此皮带在皮革工艺中的人气也愈发高涨。虽然带扣种类多是件好事，但相对地也代表其无固定的尺寸，所以与皮革组装时便需配合带扣实际的大小及形状，调整弯折方式与安装孔的位置及大小等。此处会对使用固定扣安装普通形状带扣的方法进行解说。带扣为使用中常承受拉力的部分，因此必须仔细、确实地进行安装作业。

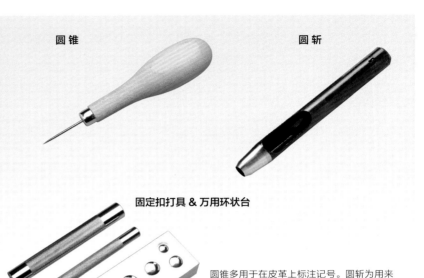

圆锥　　　　　　　圆斩

固定扣打具 & 万用环状台

圆锥多用于在皮革上标注记号。圆斩为用来凿取圆孔的工具，需根据带扣款式进行选取。固定扣打具的尺寸也要符合所用固定扣的大小。

01 左侧为附扣环式带扣，右侧为"日"字形带扣。

02 自皮带对折处往前削薄，便可自然形成能收纳带扣的空间。

03 圆斩要选择与带扣针相同直径或稍微大一点的尺寸。

使用与皮带削薄部分相同厚度的皮革包卷带扣中央的横杠，并于正反两面标出扣针底部向外突出的高度（左图）。此皮革为标位用皮革。皮带则需要于对折位置的中央（穿带扣针的位置）标上记号。

04

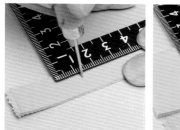 

05 于标位用皮革上的 2 个记号点中央再标上 1 个记号，将此记号对准皮带上的记号并将其重叠，接着再将两端记号转标至相同位置。

使用圆斩于皮带上长孔位置的两端压出记号。此时圆斩圆孔的外切线，必须与标位用皮革上的记号位置对齐。

06

07 以步骤 06 所标记号为基准凿出长孔。如此便完成穿带扣针用孔的作业了。

08 试着以皮带包卷带扣，并用固定扣推断固定位置。

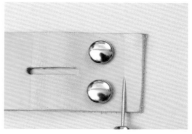

09 确定固定扣的位置后，便可标出记号线，切掉多余的皮革。

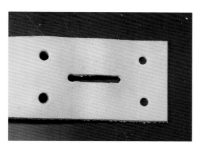

10 凿开固定扣固定用孔。4 孔应该皆与长孔为等间距。

11 敲合固定扣之前，要先确认扣针是否能在长孔中顺利转动。

12 使用固定扣打具敲合固定扣。

金属配件

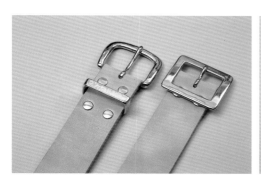 

以上便完成了带扣安装作业。若为附扣环式带扣，便只需保留多余的皮革，并再多使用 1 对固定扣即可。学会此基本安装方式，便能有效应用于各种形式的带扣上。另外，若将固定扣换成牛仔扣，便能随意替换带扣。

13

[名革珍革小档案 7]

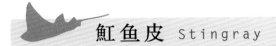

魟鱼皮 Stingray

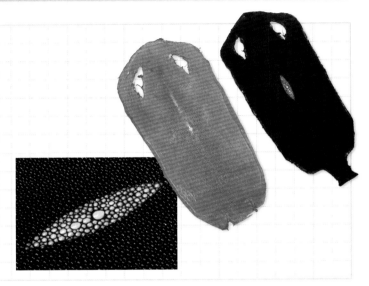

　　魟鱼的皮肤表面有许多由磷酸钙形成的楯鳞，而魟鱼皮的最大特征即为由楯鳞所释放的如同玻璃珠般的闪亮光泽。魟鱼皮中央有一部分是由大型楯鳞集结而成，将此部分裁下并压平后的皮革便被称为"Star"。使用魟鱼皮时，多会善加运用此"Star"部分。不过因为楯鳞属坚硬的石类，所以使用于皮革工艺中会面临裁断的困难，且凿孔与手缝等作业也需要较高的技术及繁杂的步骤，因此魟鱼皮可说是适合大师级的皮革。魟鱼皮古时通常用以制作刀柄及甲胄等物品。

鳄鱼皮 Crocodile, Alligator, etc

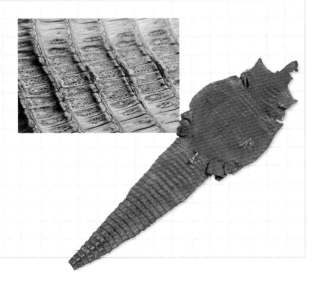

　　以 Crocodile 等广为人知的高级皮革——鳄鱼皮，可分为由腹部剖开，以便利用背部生动的鳞纹的"背皮"，和右图中由背部剖开，以便利用腹部鳞纹的"腹皮"。此两种皮料皆常用于制作以绅士用品为主的高级皮件等。鳄鱼皮独特的凹凸鳞纹，使得"削薄"等皮革工艺中必要的加工作业变得更为困难。另外，鳄鱼皮的种类非常多，除了尼罗河鳄皮、暹罗鳄皮之外，还有短吻鳄皮与凯门鳄皮等。

染色与最终加工作业

皮料除了原色皮之外，还有各种经过染色后制成的染色革。本篇将对最基本的使用液体或膏状染料进行染色的技术和作业方法做详细的介绍。手染革具有独特的触感与质感，因此相当有魅力。

若能灵活运用染色技法，便可赋予皮革完全不同的风格。自古以来，人们便会为皮革进行染色加工，因此染色技法与染料种类都非常多。例如，以染料绘制图腾，或是进行复杂的多色染等，便需要某种程度的技术以及工具，而某些情况更是需要大规模的染色设备。此处所解说的染色技法为在家中也能轻松完成的一色染、擦染（使用氯系皮革工艺染料）以及使用古典染剂的古典染等。

即便为简单的染色方式，也能产生显著的效果。例如，仅仅只是给原色皮革染上自己喜欢的颜色，便能瞬间改变皮料的氛围，使使用该皮料制作的作品呈现出完全不同的风格。皮革工艺中的染料的颜色种类非常丰富，因此可试着找出自己喜欢的色彩。

古典染主要用于经过打印或雕刻等刻饰过的皮革上，其可强调凹凸感，增加立体感。因此，古典染被列为必学的三大染色技法之一。

进行染色作业时必须注意避开表面已有加工或已染色过的皮料，并且要选择性质适合进行染色作业的皮料。

基本染料染

染料一般可分为氯系及酒精系两种，前者特征为具有透明感的显色效果，后者则为拥有优越的耐旋光性。此处会对较容易作业的氯系皮革工艺染料的使用方法进行详细的解说。因为染料的染色力强，所以作业前必须先于底部铺上旧报纸等材料，以免染到不必要的部位。另外，作业时也可善加利用抛弃式塑胶手套等工具。

碗

水性毛刷

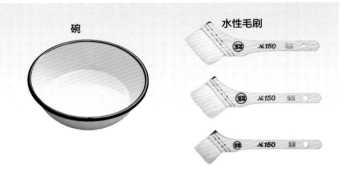

皮革工艺专用海绵　　**皮革工艺染料**

皮革保护剂[也可使用雾面(Matte)款]

古典染剂

碗与皮革工艺用专用海绵为基本工具。水性毛刷要挑选较方便使用的尺寸，作业时应倾斜水性毛刷，不可直立，避免刷毛绽开受损。另外，作为仕上剂用的皮革保护剂则可依照个人喜好选用普通款或雾面款。

刷毛染步骤　　**皮革工艺染料**

01 将皮革工艺染料（此处使用的为黄茶色）倒入碗中，并用海绵吸水挤入以稀释至 5~10 倍。一滴滴地加入水，慢慢进行微调整即可。

☑ **CHECK**

若将染料直接涂于干燥的皮革上，便会因为皮革的急速吸收而形成色斑。因此必须先打湿皮革，以防止色斑形成。

02

POINT

使用吸饱水分的海绵擦拭皮革，约擦至表面有水分残留的程度即可。参考标准为水分渗透至背面并将报纸沾湿的程度。

03

04 用水性毛刷蘸取染料并朝纵、横、斜等各方向涂抹。作业时要避免于中途停止，尽量直接涂抹至边缘以外，防止产生色斑。

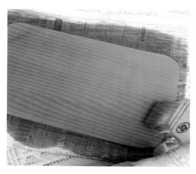

涂抹至染料液体浮于表面、无法再渗透时，便要换上新的干燥报纸，继续涂抹染料。

05

随着涂抹次数的增加，颜色应该会渐渐变深。涂抹至喜欢的色泽后，便可将其夹于干燥报纸中，或是将染色面向下置于报纸上，待其慢慢干燥。

06

POINT

若使用吹风机烘干，皮革可能会因急速干燥而产生收缩、扭曲或焦黑等现象。但若是必须抢时间进行制作，则须让吹风机与皮革保持至少20cm以上的距离，并使用冷风作业，同时也要适当地翻面。

07

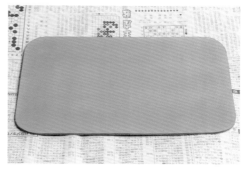

水分完全蒸发后即作业完成。可看出颜色比刚涂完染料后淡。

08

☑ **CHECK**

首次使用的皮革的染色效果充满不确定性，因此最好先进行测试。另外，染料的稀释比例也会影响到颜色深浅，因此可于测试时多制作一些稀释液，或者将稀释度记录下来，以便正式制作时使用。

染色与最终加工作业

Tip 雾面（Matte） 无光泽的状态。

使用布团球进行擦染作业的步骤 使用布团球轻敲皮革，使染剂附着于皮革上。

首先需要制作布团球。准备2片手掌大小尺寸的棉布，将其中一片棉布揉成团，用另一片布包裹并以橡皮筋绑紧即可。

01

擦染大多是以染料原液进行作业。以布团球蘸取染料后，先于报纸上轻轻将多余的染液擦去。

02

擦染皮革边缘部分并做出渐层。力道与染料多寡会影响到完成的效果，因此要先在零碎废革上进行测试。测试时也必须同时决定染色范围的宽度。

03

完成测试后便要在正式的皮革上进行染色作业。轻轻擦动布团球，慢慢地将染料染至皮革上。于皮革边缘处擦入较多的染料便能做出渐层效果。平均作业，使整圈边缘呈现均等的色泽。完成后要静置，待其完全干燥。

04

☑ **CHECK**

皮革经过打印或雕刻作业做出花纹后，若施以擦染，便会因为染料无法进入凹陷部分，而达到强调花纹的效果。而后面介绍的古典染则是给凹陷处染色的技法，成品风格与此处正好相反。

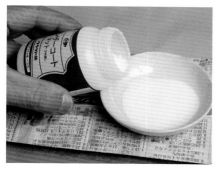

染料干燥后便要涂上皮革保养剂做最终修饰。首先，倒出适量的保养剂至小盘中。此处使用的保养剂为雾面款。

05

以布蘸取保养剂，以画圆的方式均匀涂抹于整面皮革上。

06

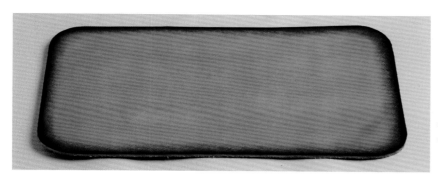

待保养剂完全干燥便完成了。使用雾面保养剂可达到抑制光泽的效果。

07

古典染

　　施以打印或雕刻的皮件作品，一般都会涂抹染料进行修饰。涂抹染料可强调雕刻阴影及立体感，进而突显出花纹图样。因此，接下来则会以编织风印花纹皮革为例，对主流古典染技法（使用皮革保养剂与古典染剂）做详细的解说。此作业重点为必须平均涂抹，不可留下色斑。古典染剂在涂抹时使用牙刷，擦拭时使用棉布。

古典染剂

皮革保养剂

古典染剂为蜡状或含树脂的膏状染料。先于皮革上以皮革保养剂打底，再用牙刷刷上染料。擦拭时使用棉布或面纸擦拭。

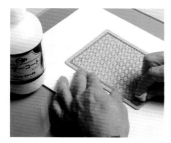

01 雕刻后的皮革须先静置，待其完全干燥，接着才可于下方铺上纸材，进行染色作业。首先，使用棉布于整面皮革上涂抹皮革保养剂。

确实推抹保养剂，使其完全渗透至凹凸内部。

02

染色与最终加工作业

完成皮革保养剂的涂抹后便需待其完全干燥。

03

POINT

以牙刷蘸取较多量的古典染剂并仔细推抹，以便将染料擦入凹凸内部。

04

如图所示，每次涂抹范围皆要控制在斜角 5cm 以内。一次涂抹的范围过大，便会容易形成色斑。

05

趁染剂尚未干燥前以棉布或面纸进行干擦，便可只擦去凸起部分的染料。

06

重复步骤 05、06 的作业至整面皮革皆涂上染剂。完成后再次进行干擦，将整体上多余的染料擦去。

07

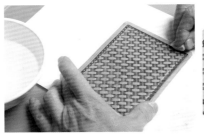

08 若表面的染料无法完全擦干净，可将棉布沾湿后拧干，再进行擦拭。另外，使用湿布轻轻擦拭整体皮革，可做出更明显的阴影效果。

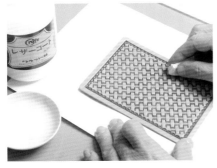

待染剂完全干燥后，再于整面皮革上涂抹一层薄薄的皮革保护剂。

09

至此便完成了古典染的作业。确实将凹陷部分染色，并同时擦去凸起部分的染剂，便能增强阴影，做出漂亮的染色效果。

10

打印

打印是于皮革表面敲出印花，并由组合印花建构出整体纹路的技法。本篇会对最基础、最具人气的编织纹打法进行解说。除了编织纹以外，还有各式各样图案的印花纹路。只要善加搭配，便能无限增加变化的可能性，因此，作品款式也能得到无限的扩展。

营造特殊质感

使用打印技法

打印为利用称为"印花工具"的打具于皮面层上敲出凹凸图纹的方法，为皮革工艺中主流装饰技法之一。皮雕工艺即是借由巧妙地结合打印技法与下个单元所介绍的雕刻技法，以完成雕饰作业。这意味着若想学会皮雕技法，便要先具备此处的基本打印技术。

印花工具的种类与尺寸相当丰富，市售工具高达 400 种。制作时需要从中挑出任意的组合以建构出美丽的图案。如何配组则要根据个人的美感与经验。在初学阶段，建议先实践此处介绍的"编织风印花纹"，慢慢熟悉打印作业。

此作业的要点在于要以同一个印花工具正确地进行连续敲打动作。整齐排列的印花图案便会建构出美丽的编织纹。而力道的控制、印花工具的倾斜方向、些许的角度差等皆会影响到成品的效果，因此应随时提醒自己要尽可能地进行均一作业。虽说如此，但一开始也不可能达到如此精密的要求，因此，初学阶段首要的还是体验与练习。

编织风印花纹

编织风印花纹使用的 3 种印花工具分别为建构出编织纹的"编织印花"、于分界线做出渐层用的"修边印花"以及装饰边界线用的"条纹印花"。因打印作业需使用木锤连续敲打印花工具，以便在皮革上压出纹路，因此必须确实准备好平坦、稳定的作业平台。敲打台推荐使用地垫与大理石。另外，因为皮革会随着作业慢慢被拉伸，所以必须事先于背面贴上"防伸展内里"。

印花工具　　**铁笔**　　**裁皮刀**

旋转刻刀　　**圆锥**　　**木锤（或橡胶锤）**

塑胶垫　　**大理石**　　**地垫**　　**防伸展内里**

上图中的印花工具分别为修边印花（B701）、编织印花（X501）、条纹印花（D436）。铁笔用于在皮革上标注记号，旋转刻刀则用于切割分界线。

皮革的前置准备　　于皮革背面贴上防伸展内里后，再将整面皮革打湿。

01 将皮革两面稍微打湿，再平坦地贴上裁好的防伸展内里。

02 沿着侧边切掉多余的防伸展内里，以免妨碍作业。

03 使用皮革工艺专用海绵将皮面层打湿，适当调整湿度。

切割分界线　　用间距规画出框线，再以旋转刻刀刻出。

使用间距规于皮革周围画出分界线（框线）的参考记号线。

01

将旋转刻刀贴齐于记号线的正上方，并沿着量尺切开该线。转角处不可使线交叉，因此须于转角处正前方停刀。

02

03

用铁笔于皮革的正中央（此零件的折线）画出参考线。放轻力道，尽可能画出极度浅淡的线条，只要能辨别即可。

03

为分界线增加立体感　　使用修边印花工具。

01 将修边印花的背部对齐分界线，并以木锤轻轻敲打。此处使用的修边印花工具为网纹款，市面上亦有售素面款。

POINT

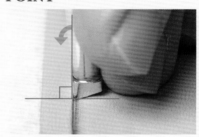

敲打修边印花的诀窍在于稍微向外倾斜。向外倾斜敲打会比垂直敲打呈现出更深邃、更分明的纹路。

02

利用大拇指与食指的力量维持印花的倾斜角度，并以中指慢慢移动印花以进行敲打。移动距离大约为图纹能相互交叠的距离即可，同时也要随时注意保持均等的敲打力道。

03

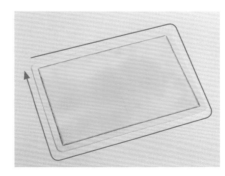

转角处需要确实敲打至尾端，并于尾端重叠敲打后进行下个边缘作业。以此方式于整圈分界线上敲打出修边印花。作业时注意不可产生间隙或段差。

04

敲打编织印花　　留心皮革的斜度，以中央基准线为准向两侧依序敲打。

自两端开始敲打印花会导致皮革拉伸，从而打出偏歪的纹路。因此，必须自中央的基准线向左右依序敲打。首先将印花工具对准基准线的一端以确认位置。作业时，若皮革干燥，便需适当地打湿。

01

02 基准线与印花图案。将印花工具对准上图中的图印位置，以木锤敲打。

03 重叠一侧边线，以相同的角度敲出下个印花图案。要以均等力道进行作业。无须一敲定案，每次敲打 2~3 次较容易进行调整。

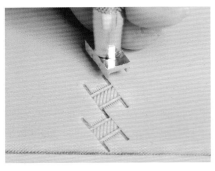 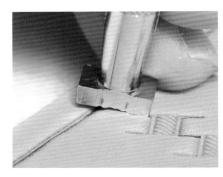

以相同要领接着敲出第三个、第四个图案。中途停止作业容易导致力道不均，因此建议以区段分批进行作业。

04

敲至对侧尾端后要避免于外侧敲上图案，因此要倾斜印花工具，只敲出半个图案。如此一来，图案便会看起来像自然消失一般。

05

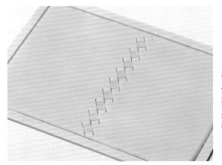 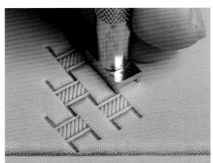

于基准线上敲出第一列印花图案后，要先确认力道大小是否平均以及位置有无歪斜。

06

接着敲打第二列印花图案。注意，要同向重叠一侧边线，并以相同角度、相同力道进行作业。

07

POINT

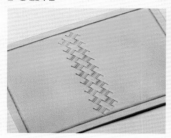  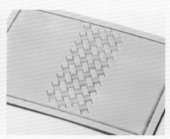

下一列要跨过基准点敲打于对侧。将皮革旋转180°后以相同的方式敲出印花图案。左右轮流敲打可防止皮革歪斜。

08

以以上要领于整面皮革敲上编织图案。此作业必须具有正确的技巧，以努力维持相同的角度及力道进行。

09

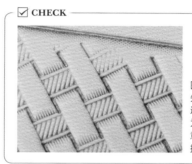

☑ **CHECK**

图纹尾端呈现自然消失的感觉。敲至于修边印花纹正前方消失为最佳的程度。须注意，此处渐层也需保持一定的深浅状态。

于边缘敲打条纹印花工具　于分界线上敲条纹印花工具，以分散图纹焦点。

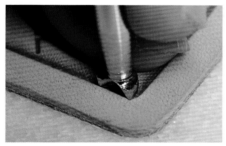 

沿着分界线内侧，自转角处开始敲打条纹印花。条纹印花具有模糊编织纹周边淡出的部位，将整体图纹修饰出自然印象的效果。

01

转角若为直角，便要将夹于直角两侧的条纹边端对准转角点，以敲出稍微重叠的纹路。若为90°以上的钝角，便只需以横跨两侧的形式敲出一个条纹印花即可。

02

打印

因需将 4 个转角作为基准点，所以必须先于此 4 点敲出印花纹。

03

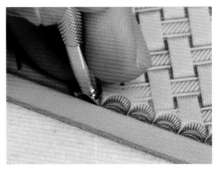

直线部分要以连续密集的等间隔距离敲出条纹印花。同样注意要以均等的力道敲出稳定的纹路。

04

POINT

敲至下个转角前 5cm 左右，同样要先轻压记号以尽量调整成均等的宽幅。

05

以步骤 05 标示出的记号为依据，于剩下的部分敲出条纹印花。

06

07 以相同要领敲出其余边缘的花纹。

08 以上便完成了全部的打印作业。最后只需小心地撕下防伸展内里，并待皮革干燥即可。

雕刻

使用称为"旋转刻刀"的专用刀具于皮革皮面层上切割出图案的技法，即为称作"雕刻"的装饰技法。雕刻为皮革工艺固有的装饰技法之一，同时也可说是皮雕的基础工法。在雕刻作业中，旋转刻刀的锋利度会影响到呈现的效果，因此本篇也会同时解说刀具的研磨方式。

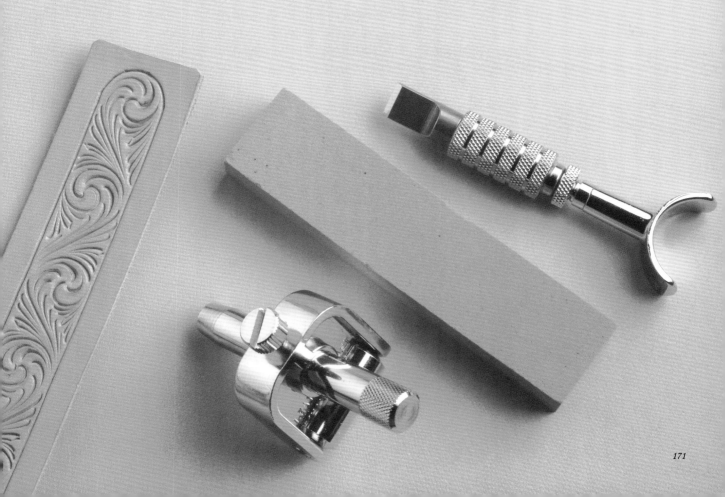

基本的雕刻流程

雕刻为使用称为"旋转刻刀"的刀具于皮革皮面层上刻入图案的装饰技法，也为皮雕的主要技术之一。在皮雕工艺中，只要善加结合雕刻与打印技法，便能制作出无与伦比的漂亮图案。

雕刻作业的要点在于旋转刻刀的使用及保养方法。在雕刻技法中，除了必须了解正确的握刀方式、直线与曲线的刻法之外，还必须学会未使用时的调整方法及刀刃的研磨方法等。此篇会依照作业流程一步步地进行解说，因此只要慢慢地熟习这些技法即可。

学习雕刻技法前，请务必先掌握刀刃的研磨方法。一方面，使用锋利度不足的刀具会有导致受伤的可能；另一方面，以自己的双手维护工具，也能熟悉工具，增进与工具的感情，这样才能尽情地享受雕刻的乐趣。

雕刻是感性与理性结合的技艺。这种技艺无法言喻，只有多多在实践中感悟，累积经验。

转描图案

雕刻作业的第一步为使用称作"TRACE FILM 描图纸"的工具转描图案。一般的描图纸有时会因吸收水分而导致破裂或变形等，而 TRACE FILM 的防水性高，为最适合的描图纸。制作时需先将描图纸置于原图上，并用自动铅笔描出主要的线条。接着将描图纸移至皮革上，以铁笔再次描线转印至皮革。为了让皮革能够较容易留下痕迹，必须充分打湿皮革后再进行作业。另外，为了避免描图纸在转描途中移位，必须先确实固定。

TRACE FILM描图纸

碗　　　皮革工艺用海绵　　　铁 笔

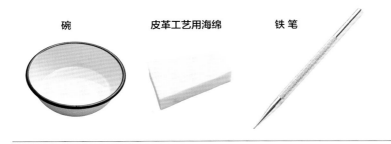

需准备盛水用碗、打湿皮革用的皮革工艺用海绵、于皮革上标注记号用的铁笔、于描图纸上描画的自动铅笔，以及转描图案用的 TRACE FILM 描图纸。建议于可完全平放皮革零件大小的塑胶板上进行作业。

转描图案至描写纸上　将样图的唐草图案转描至描图纸上。

01 转描纸需要将亮面朝下，雾面朝上。依据图案的大小，裁出适量的转描纸。

将转描纸叠于图案上方并用胶带固定2处以上，以免位置偏离。

02

图案边框的直线部分要使用量尺辅助，以描出漂亮的线条。

03

曲线部分无须使用任何辅助工具，直接转描即可。与直线相接的部分要留意顺畅度。

04

POINT

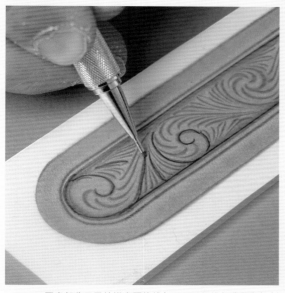

05 图案部分只需转描主要的线条即可。细线部分需在切割时随意刻入。

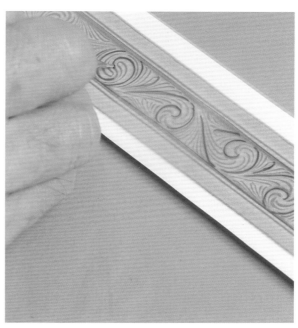

06 若使用的唐草图案为中心向左右对称的形式，那么可在转描至中央时将皮革上下旋转，再以相同的方向进行转描，如此便能绘出对称均匀的漂亮图案。

07 最后确认有无漏描的部分。转描时，要挑选长线或粗线，或是看似为图案重点的部分进行描画。

雕刻

转描图案至皮革上 将皮革打湿，盖上转描纸，用铁笔转描图案。

准备足以刻入图案大小的皮革。使用皮革工艺用海绵打湿皮面层。
01

将已描上图案的转描纸重叠于皮革上，并贴上胶带，确实固定，以防止位置偏离。
02

POINT

直线部分同样要使用量尺辅助转描。先将铁笔置于线上，再抵上量尺，便能画出直线。
03

曲线部分皆必须徒手进行转描。
04

☑ CHECK

曲线部分应该有容易描绘的方向和不容易描绘的方向，因此若是在适当尺寸的塑胶板上进行作业，便能自由地变换方向。此外，皮革下方的塑胶板不会吸收水分，所以干燥速度会较慢。

05 偶尔掀开转描纸以确认是否有尚未转描的线条。此时须注意，盖回的转描纸的位置不可偏离。

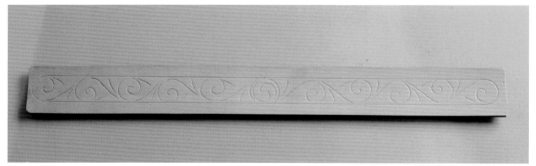

全部线条皆已转描至皮革上后便可剥去转描纸。
06

依照图案进行雕刻

终于来到使用旋转刻刀于皮革上刻入图案的步骤了。在雕刻作业中，皮革的湿度和旋转刻刀的倾斜方式皆会影响刀刃进入皮革内的深度，进而影响线条的粗细。但只要巧妙地控制拇指、食指、中指的力道，便能自由地雕刻出粗线和细线。此处将会针对旋转刻刀的基本握法及使用方法进行解说，因此可先使用零碎废革等试着雕刻，以掌握实际的操作感觉。

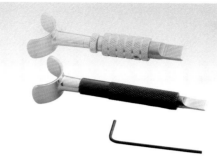

旋转刻刀

上方为初学者用旋转刻刀，下方为专业人士用旋转刻刀。虽然两者构造有些许差异，但无论使用哪一种都可以。附拆解用 L 型扳手。

☑ **CHECK**

首先，要以正确姿势拿取旋转刻刀。将食指压置于上方凹槽（日本称为 Yoko）处，并以中指和大拇指支撑刀柄下方。旋转刻刀的基本位置呈左右方向垂直、向前倾斜的状态，使用时则会借由凹槽处的食指压力调整向下的力道。当要改变倾斜角度时，以手腕当作主轴，让刀具整体同时倾斜。而若是要改变进行方向，则需利用中指与拇指旋转刀刃的方向。

刻饰直线与曲线　　于打湿的皮革上刻入图案。

将皮革表面打湿。皮革的湿度会影响到入刀的方式，因此需要慢慢体验，累积经验。

01

首先切割直线部分。笔直地将刀刃置于线上，再抵上量尺。作业时要维持刻刀于基本位置，并以均等的力道进行拉切。

02

☑ **CHECK**

因旋转刻刀刀刃具有厚度，若先对齐量尺后再下刀，切割位置便会偏离线条。因此请务必先将刀刃切入线条后再放上量尺。

切割边框的曲线时，左右侧要维持固定的倾斜角度，并利用拇指与中指转动刀刃方向以进行拉切。

03

☑ CHECK

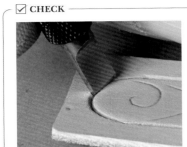

若想刻出漂亮、对称的曲线，不可只着眼于入刀处，必须同时观察行进方向的前方部位。

接着刻出中央唐草图案。首先沿着转描至皮革上的主线条进行雕刻。

04

自线端入刀并刻至中央后便需要将皮革旋转 180°，再由另一侧的线端开始入刀。

05

已刻出边框线与主要线条的状态。转描的线条基本上只是参考线，因此有些偏离也无所谓。但手部动作较为重要。

06

接下来刻出主线间的细小线纹。小曲线部分需将刻刀倾斜 45°，以便使用刃角进行作业。以中指轻轻压推刀刃，并同时用拇指旋转刀轴，以此方式精细地切入刀刃，便能刻出漂亮的线条。

07

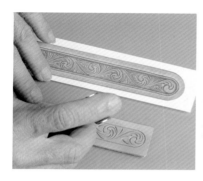

若尚未习惯，可先将图案置于一旁参考，待习惯后就可直接凭感觉刻入线条了。

08

09 整体细线慢慢增加。雕刻尖锐的细线时要慢慢放轻力道，使尾端自然消失。

接着再于其间刻入相同方向的细线，以免线条过于分散。

10

POINT

此处也要自线端刻至中心再将皮革旋转180°，改从对侧线端开始作业。

11

全部线条皆已刻出的状态。作业时要一边观察整体的平衡感，一边于不足的部位加入线条。

12

☑ **CHECK**

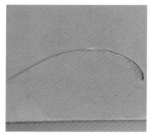

雕刻曲线的诀窍在于要渐渐立起刀刃。入刀时倾斜刀刃以深入皮革，慢慢立起后刻痕即会变浅，线条自然就会变细。

旋转刻刀的保养方法

旋转刻刀与一般雕刻刀的构造不同，因此研磨方式也较独特。旋转刻刀的刃尖为双刃构造，双刃的状态会影响到锋利度。作业时若觉得刀刃有些怪异，便可使用此处介绍的方法进行研磨。研磨时要准备右侧几种专用工具。另外，此处也会一并解说调整凹槽高度的方法以及加油、替换刀刃的方法等。初学者和专业人士用的刻刀虽然在构造上有些许差异，但使用方法一样。不过初次使用的人，挑选初学者用款应该会较容易操作。

角度调整器

磨刀油

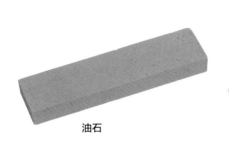

油石

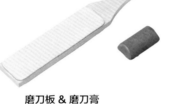

磨刀板 & 磨刀膏

角度调整器为必备工具，主要用以固定旋转刻刀的角度。保养时需先使用含磨刀油的油石进行磨刀，完成后再以磨刀板与磨刀膏做最终修饰。磨刀油也可当作凹槽部分的润滑油。

磨刀方法　磨刀时要随时调整刃尖角度，以磨出锋利的刀刃。

01 首先要让油石吸饱磨刀油油脂，以达到防止铁屑阻塞的润滑目的。

将旋转刻刀的刀刃设置于角度调整器内并固定角度。将螺丝旋开移动中央轴心，便可调整角度。

02

☑ **CHECK**

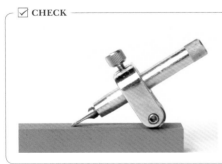

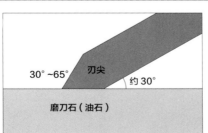

30°~65°　**刃尖**　约 30°

磨刀石（油石）

刀尖的角度原本在 60°～65°，因此只要不改变此角度即可。首先将刀刃调整至刃尖平面与油石表面可完全贴齐的角度，如此轴心的倾斜角度大约在 30°。

于油石表面加上磨刀油。以双手稳住角度调整器并用力往前推磨，拉回时放松力量。

03

☑ **CHECK**

两面各来回研磨 10 次后确认刃尖的形状。自侧面看去，只要两刃形状对称即可。

于磨刀板的肉面层侧涂上磨刀油后再擦上磨刀膏，完成后便可于其上拉磨刀刃。作业时要维持一致的角度进行。

04

☑ **CHECK**

待刀刃表面产生黯淡的光泽便完成了。接着只需将刀刃装回旋转刻刀上固定即可。

调整凹槽的高度　　配合手的大小调整高度。

如实际使用般拿取旋转刻刀，调整至食指第一个关节可扣压住凹槽的高度即可。作业时先松开左图红圈处的螺帽，调整后再拧紧固定即可。

01

☑ **CHECK**

专业人士用旋转刻刀可借由松开中央轴侧边的螺丝调整高度。使用 L 型扳手即可松开或锁紧螺丝。

雕
刻

02 凹槽部分可向外抽起。为了作业时能够顺利旋转并延长刀具的寿命，将凹槽拆下后于内部旋转轴上涂抹磨刀油。

初学者用与专业人士用旋转刻刀的刀刃拆卸方法皆为松开侧面螺丝后卸下。安装时要确实拧紧固定。

03

[名革珍革小档案 8]

鹿皮（毛皮） Deer

我们常见的鹿皮（Deer Skin）一般为光面皮，但事实上鹿皮也是有毛皮的。鹿毛呈细管状，虽然质地轻，但坚硬、结实，所以触感较差。因此，毛皮较少用在服饰品上，而多是利用其背部的特殊斑点制成地毯、地垫、壁毯等室内装饰品。在皮革工艺中使用鹿毛皮时，可多花点心思利用其特殊斑点的部分，例如可将其裁下贴于大型零件上。

瞪羚 Springbok

瞪羚为生息于南非的牛科动物，其体形小且纤细，体长只有1~5m，所以外观较类似鹿科动物。瞪羚皮的尾部上方具有特殊逆毛，因此多会将此部位当作重点装饰运用于首饰或包类翻盖的制作上。若有机会能在皮革工艺中使用瞪羚皮，可将零件弯折后与其贴合，以欣赏外翘绒毛的独特样貌。

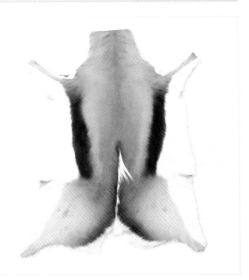

单品制作

终于来到可以使用前面所学的各种基本技法进行单品制作的阶段。
本篇介绍的单品共有 3 款，分别为名片夹、二折皮夹与托特包。
本篇的内容由简至繁，由易至难，因此初学者只要循序渐进地挑
战更高难度的作品即可。希望各位读者能在本单元中学习到制作
的相关窍门。另外，单品纸型皆附于本书附录，请复印后再行使用。

名片夹的制作方法

第一个要制作的作品为缝合部位少，但绝对具有充分容量的名片夹。需要进行缝合的部位只有内部零件的中央处，以及主体与内部零件的 4 处缝合侧边，共计 5 处。此 5 处缝合部位的距离皆较短，因此必须注意准备的缝线长度。通常缝线只需准备为缝合距离的 4 倍长即可，若缝合距离过短，则必须考虑到穿针时所需的长度，准备 8~10 倍的缝线。

名片夹主体为三折设计（含翻盖），收纳名片的口袋则是借由缝合主体与内部零件构成。翻盖部分

设计成以牛仔扣固定，因此必须在缝合前先安装主体上的公扣与底座。另外，因为此作品具有必须于制作前先行磨整的侧边，所以必须多加留意。此名片夹的设计简单、合理，所以作业的流程、步骤也相对变得非常重要。若能仔细思考为何此项作业必须在此步骤执行，并同时研读每项制作流程的内容，而非一味地照本宣科地制作，想必对您以后设计原创作品有一定帮助。

■使用材料

· 涂油牛革（2.5mm 厚）
· 马鞍革（1.5mm 厚）
· 牛仔扣（大）× 2

■使用工具

· 纯手工皮革工艺套装（基本款）　· 木制磨边器
· 侧边磨整帆布　· 剪刀
· 牛仔扣打具　· 手缝固定夹（桌上型）
· 打台　· 圆斩（12 号）
· 铁夹　· 曲尺

设计·制作　本山知辉

作品重点

内部有 2 处可收纳名片的空间。虽然构造简单，但容量充足，因此相当实用。不使用里衬，因此必须确实处理肉面层。此单品构造简单，所以挑选皮革的自由度较高，同时也可享受配色过程的乐趣。

转描纸型至皮革　将贴于鸡皮纸等厚纸上的纸型置于皮面层上，以描出版型。

因名片夹主体会进行弯折的动作，所以要事先确认皮革较容易弯曲的方向。使用皮料为涂油牛革。

01

02 配合皮革较容易弯曲的方向，将纸型纵向置于皮面层上，用圆锥仔细地沿着纸型轮廓描绘。

03 将圆锥穿过纸型上的凿孔位置，以便在皮面层上标出记号。

04 作为内部零件的马鞍皮则要确认较不容易延伸的方向。

05 纸型上的袋口侧要平行于不易延伸的方向。将纸型置于皮面层上后，以圆锥描出轮廓，并标出线孔位置记号。

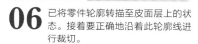

06 已将零件轮廓转描至皮面层上的状态。接着要正确地沿着此轮廓线进行裁切。

制作各部零件　依据转描至皮革上的版型裁出各部零件，并磨整侧边。

沿着轮廓线裁出零件。若皮料较大，可先粗裁后再进行细裁。

01

02 自2片马鞍皮上裁出相同形状的内部零件。

03 裁出的零件。图中标示为橘色线条的侧边在进入制作前要先行磨整修饰。

修整主体开口处已经过磨整的侧边。

04

将纸型置于主体零件上，并用圆锥轻轻在弯折线的两端标上记号。此部分的侧边也要先行磨整修饰。

05

06 使用削边器削去记号间的边缘。首先从皮面层侧开始进行。

07 以同样的方法削去肉面层侧边缘。

08 削去边缘后的状态。此部分在制作完成后即为名片夹的底部。

削去皮面层与肉面层的边缘后，用研磨片整理形状。
09

磨平削边的痕迹，并以上下绕圈的方式移动研磨片，将侧边磨圆。
10

11 主体侧边皆已磨整完成的状态。基本上皆是缝合后较难进行侧边磨整修饰的部位。

12 内部零件的侧边也要进行修整。使用研磨片轻轻磨整皮面层与肉面层侧的边缘。

13 内部零件较薄，只有1.5mm。因此只需以研磨片轻轻磨整便可使侧边成形。

内部零件侧边已完成磨整的状态。
14

肉面层与侧边的最终修饰加工　　于肉面层及侧边上涂抹床面处理剂，并磨整修饰。

以手指蘸取适量的床面处理剂，并涂抹于肉面层上。

01

待床面处理剂半干燥后，再以木制磨边器磨整肉面层。也可使用三用磨边器或玻璃板。

02

内部零件的肉面层也要涂抹床面处理剂并打磨。

03

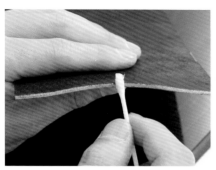

使用棉花棒给侧边涂抹床面处理剂。待床面处理剂半干燥后，用帆布、三用磨边器或木制磨边器等磨整。

04

POINT

名片夹底部的侧面也要涂抹床面处理剂并磨整。

05

06

各部零件皆完成磨整后，零件部分的作业便完全结束。

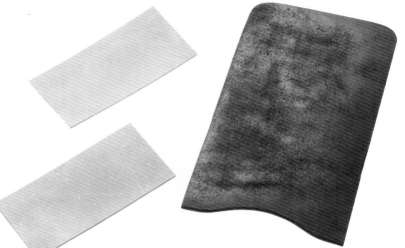

缝制与修饰　缝合零件，制成名片夹形状。

▶缝合内部零件

CHECK

于主体零件肉面层上标出内部零件的贴合位置。内部零件需要于肉面层上标出手缝基准点记号。

01 画出内部零件基准点间的缝线。放上曲尺后，用三用磨边器的尖端于肉面层上画出缝线。

02 已画出缝线的状态。内部零件需要将皮面层侧对叠缝合，因此需要于肉面层上画缝线。

03 因为此处无法使用黏合剂贴合，所以只能将四角对齐后再用铁夹固定。

04 以圆锥刺穿基准点孔。注意位置不可偏离。

05 使用菱斩于基准点间凿开线孔。首先以斩脚压出记号，以调整线孔间距。

06 尽可能将菱斩的凿孔位置调至均等再凿开线孔。

07 因为内部零件的缝合距离较短，所以要准备长度为缝合距离 8~10 倍的缝线。

  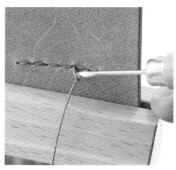

缝合内部零件。此处使用的是麻线。

08

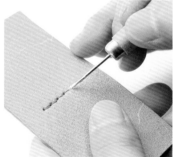

剪去多余的缝线后以白胶固定，再以木锤侧面敲打针脚，使其服帖。

09

▶安装牛仔扣的底座与公扣

01 按照纸型位置凿出安装孔。此处使用大牛仔扣，因此要以 12 号圆斩进行作业。

02 此步骤还不用安装，需要先凿出翻盖上的母扣及面盖用孔。

03 自肉面层侧装上底座，再于皮面层侧将公扣套至底座的扣脚上。

使用大牛仔扣打具固定牛仔扣。

04

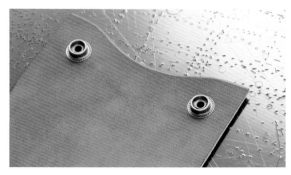

如图所示，两组牛仔扣的底座与公扣分别安装于左右两侧。

05

▶缝合主体与内部零件1

01 参照肉面层侧的记号，以研磨片将主体与内部零件的贴合面磨粗。

02 内部零件的贴合面已经过磨整，所以也要使用研磨片磨粗。

03 于磨粗的贴合面上涂抹白胶。注意不可涂至外侧。

Tip 底座·公扣　牛仔扣的承接侧零件。详细请参考第146页。

单品制作

04 内部零件的贴合面也要涂上白胶。

05 趁白胶尚未干燥前对齐侧边，将内部零件与主体贴合。

POINT

06 贴合后以三用磨边器加压，使其黏紧。

07 使用研磨片整理贴合后的内部零件及主体侧边。

08 将侧边磨整至图中的平面。最重要的是要尽可能地贴合正确，以免形状产生过大的差异。

09 于内部零件上画出缝线。薄质皮革可用设为 3mm 幅宽的间距规或三用磨边器沟槽部分进行作业。

POINT

10 以缝线为基准，用圆锥于主体上凿开基准点孔。

11 主体侧边使用 3mm 幅宽的挖槽器刻出缝线。薄质皮革则要使用间距规或边线器。

12 自正面以圆锥刺穿步骤 10 中凿开的基准点孔，将圆孔完全凿开。

因会绕缝至边缘，所以起头处要先将侧边斩脚跨至外侧，再压出线孔记号。

13

正式凿孔。左图为已凿开线孔的状态。左右皆要凿开线孔。

14

此处的缝合距离也较短，因此缝线也要准备得比平时稍长一点，约为缝合距离的 8 倍。

15

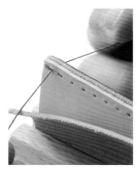   

起针处要先绕缝至边缘 2 次，并于尾端返缝 2 个针脚。完成后便可剪去缝线，涂抹白胶进行固定。

16

17 缝线结尾固定后要使用木锤侧面敲打针脚，使其服帖。须注意不可敲到牛仔扣。

18 已完成主体与一片内部零件的缝合。将另一片内部零件缝合后，便会构成名片夹的形状。

▶缝合主体与内部零件 2

01 使用上胶片给主体及内部零件的贴合面涂抹白胶。

02 弯折主体，同时对齐内部零件与主体的贴合位置并贴合。

03 确实将内部零件与主体贴合。要先用手指加压至离手后不会分离的状态。

04 再使用三用磨边器等工具确实将贴合面压紧。

05 使用研磨片修整贴合处的侧边。

06 以一只手将主体掀起，再用另一只手于内部零件上画出缝线。

07 对齐缝线，凿出基准点孔。基准点孔要凿于内部零件的上下两侧。

08 使用挖槽器于主体侧的基准点间刻出缝线。

09 使用圆锥自主体侧刺穿基准点孔，将圆孔扩大。

10 同样也自主体侧刺穿底部基准点孔并扩大。

11 将主体前袋身掀起，避开后再凿出后袋身的线孔。因此处较不平稳，所以注意避免凿歪。

12 步骤 11 中凿出的线孔若自内部零件侧看去，应该大致会呈现出上图的样子。

POINT

缝合。上下两侧边缘皆要跨缝 2 次。

13

将内部零件与主体全部缝合后便会形成名片夹的模样。

14

01 削去尚未经过磨整的侧边边缘。首先削去内部零件的边缘。

02 再削去主体边缘。翻盖部分的肉面层也要以同样的方法削去边缘。

03 使用研磨片修整侧边形状。注意不可磨到表面，使其受损。

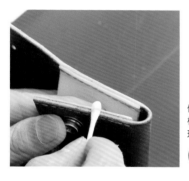

修整完侧边后，以棉花棒涂上床面处理剂。

04

05 使用帆布磨整侧边。借助胶板边缘磨整，便可以磨得漂亮。除此之外也可使用三用磨边器或木制磨边器等工具进行作业。

06 将剩余的侧边磨整后便完成了主体的基本雏形。最后再于翻盖上安装牛仔扣的母扣及面盖即可。

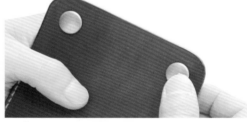

07 自翻盖皮面层侧装入面盖，再由肉面层侧装上母扣。

08 使用大牛仔扣打具敲合面盖与母扣。注意敲打力道不可过大，以免压扁面盖。

制作完成。试着重复脱扣数次，以确认使用状态。

09

Tip 面盖·母扣　牛仔扣零件中，安装于外侧的零件。详细请参考第 147 页。

二折皮夹的制作方法

在皮革制品当中，最贴身的单品应该就是皮夹了吧。因此，此处便介绍一款简单又使用方便的二折皮夹的制作方法。此二折皮夹的全部零件皆由1.2mm厚的钢琴革制作而成，而会因重叠产生厚度的部分，则采用部分削薄处理以抑制厚度。因为皮夹会重叠多张皮革，段差部分相对较多，因此基准点的取位方式便为制作上的一大重点。另外，零钱袋与主体翻盖必须以弯折贴合的方式制作，以便在叠合时能达到良好的收纳效果。若主体与内部零件的尺寸有些不同，钞票夹的部分便会在打开皮夹时微微向外张开，因此贴合翻盖部分时必须一边弯折，一边将边缘贴合。零钱袋与主体翻盖为以四合扣固定的样式，不过母扣侧承接零件为扁扣，所以整体设计上面盖设计为藏于内侧。此处范例是使用双色皮革，实际中可依照个人喜好进行配色。若使用1.2mm以上的厚皮料，则会因过厚而产生弯折困难，或是翻盖上的四合扣无法顺利固定等问题，因此使用不同皮料时要多加留意。

设计·制作　星 Megumi

■使用材料

· 钢琴革（1.2mm 厚）
· 四合扣（中）×2
· 扁扣

■使用工具

· 纯手工皮革工艺套装（基本款）
· 侧边磨整帆布
· 四合扣打具
· 万用环状台
· 木制磨边器（樱丸）
· 剪刀
· 手缝固定夹（桌上型）
· 圆斩（8 号、12 号）
· 曲尺
· 菱斩
· 裁皮刀
· 玻璃板

作品重点

三层名片夹，容量充足，相当实用！上方两层为 T-shirt 型设计，侧边重叠分量均一，可抑制厚度产生。

零钱袋侧袋身为双层构造，使用方便，容量充足。翻盖部位使用四合扣固定，母扣侧将面盖换为扁扣，以便让扣具藏于内侧。

主体对折后可以四合扣固定。翻盖部分则需借由弯折后再贴合的方式制作，以便开合使用。

各零件制作　　裁出各部零件，并制成名片夹与零钱袋。

▶裁切与削薄

01 按照纸型裁出各部零件。裁切时注意皮料的纤维方向。

02 因需重叠数张皮革，所以部分零件需进行削薄处理。注意不可削到皮面层。

03 照片中的斜线部位为需进行削薄的部分。若不进行削薄处理，便会产生厚度。

▶各零件的前置准备

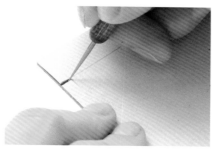

01 将纸型与各零件重叠，并用圆锥标出对位记号。

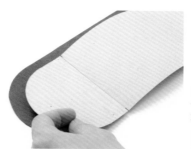

02 因各处皆有对位记号，所以要多加留意，避免漏标。

03 无里衬部位的肉片层要涂上床面处理剂。

04 待床面处理剂半干燥后，使用木制磨边器等工具磨整。主体的翻盖部分不用进行磨整。

05 零钱袋只需磨整中间部分。不过，若是弄错磨成整块，只要在后面的步骤中以研磨片磨粗即可。

06 零钱袋的侧袋身要先涂上床面处理剂，并趁潮湿柔软的时候折出折痕。

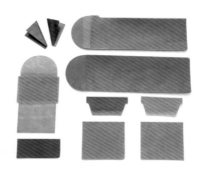

07 无里衬部位的肉面层皆已完成磨整的状态。

Tip 侧袋身　皮包等的侧面，形成整体厚度的部分。此处制作的零钱袋的侧袋身为两折，向上展开的款式。

单品制作

01 使用研磨片将名片夹上侧与零钱袋侧袋身上侧的侧边磨整成形。

02 使用研磨片磨整后，于该侧边涂上床面处理剂，并以帆布做最终的磨整。

03 零钱袋两侧的袋身与 3 片名片夹零件的侧边皆已磨整完成。

▶制作名片夹

01 使用研磨片磨粗名片夹底座上的各口袋的贴合面。贴合面为名片夹口袋的下方边缘，以及横向 T-shirt 型的两侧袖状部分。

02 于名片夹口袋肉面层的贴合面，以及步骤 01 中最上方的磨粗面涂上白胶。首先涂抹两侧的下方边缘。

03 接着于 T-shirt 型两侧袖状的重叠部分涂上白胶。

04 名片夹口袋的袖状部分也要涂上白胶。

05 将名片夹口袋贴至底座后，再用木制磨边器摩擦压紧。

06 于名片夹口袋底部凿出线孔。作业要考虑到缝合时必须跨缝至外侧一个针脚。

07 于缝线两端以圆锥钻出基准点线孔。

Tip T-shirt　名片夹等会重叠贴合的零件，只要裁去其余边缘并保留露于外侧的部分，便会形成 T-shirt 的形状。因此，一般称此种形状为 T-shirt 或 T-shirt 型。

POINT

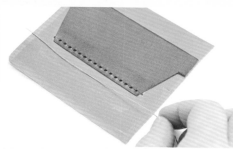

因名片夹下方边缘的距离较短，所以缝线长度要准备得比一般长。

08

于第三个线孔起针进行缝合。缝至第一个线孔处需跨缝2次后再往回缝。

09

10 另一侧的尾端也需跨缝2次后再往回缝2个针脚。缝好后剪去缝线，涂上白胶固定，再以木锤侧面敲打针脚，使其服帖。

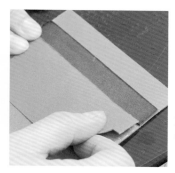

对齐位置，贴上第二片名片夹口袋。

11

贴上名片夹口袋后再用木制磨边器摩擦压紧。

12

与第一片名片夹口袋相同，将下侧边缘缝合。

13

14 第三片名片夹口袋也同样涂上白胶贴合。

15 使用木制磨边器摩擦以压紧贴合部分。

16 若侧边不平整，可用裁皮刀切齐。但切除部分不可过大，以免尺寸改变，导致其他零件不合。

单品制作

17 使用研磨片磨整名片夹正面的右侧侧边。

18 使用间距规于右侧侧边画出缝份为3mm宽的缝线。

19 使用圆锥于名片夹段差部分的边缘凿出基准点孔。

POINT

如图所示，于段差部分凿出基准点。

20

21 使用菱斩凿出线孔，配合基准点间的距离调整线孔间距。

22 缝合名片夹右侧边。如图所示，名片夹重叠的部分要绕缝2次。

23 缝合后以木锤侧面敲打针脚，使其服帖。

24 对缝合后的右侧边做最终的修饰磨整。

25 至此名片夹的制作便告一段落，接着进行零钱袋的制作。

▶**制作零钱袋**

01 将四合扣的母扣安装于零钱袋翻盖的里侧零件上。背面要使用扁扣。

02 零钱袋主体上则要安装底座与公扣。

Tip 母扣·扁扣·底座·公扣　四合扣各零件的名称。详细请参考第144页至第145页。

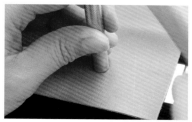 **03** 安装四合扣时要使用专用的四合扣打具。四合扣打具可分母扣用与公扣用，两者形状相异。

 **04** 于装上公扣的零钱袋前袋身部分贴上里衬。首先，于贴合面上涂抹白胶。

 **05** 将里衬对齐贴于前带身肉面层上。注意贴合位置不可偏离。

 **06** 贴上里衬的皮革后，使用木制磨边器摩擦压紧。

 **07** 零钱袋的翻盖部分也要与里侧零件（步骤 01 中安装上母扣的零件）贴合。

 **08** 贴合里侧零件时要考虑到零钱袋的形状，将下方边缘稍稍弯起后再贴合。

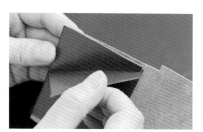 **09** 将零钱袋的侧袋身与零钱袋主体贴合。注意不可弄错侧袋身的方向。

 **10** 侧袋身要贴合两侧侧面。注意不可弄错左右袋身。如图所示，折出后会有部分突出即为正确。

 **11** 零钱袋各部零件皆已贴合的状态。

 **12** 使用研磨片修整侧袋身的侧边。

POINT

翻盖部分也要以研磨片修整。完成后再于翻盖上凿出线孔。此处弧度较为缓和，所以可以使用双菱斩作业。

13

Tip 翻盖　零钱包或皮包等物品的盖子。

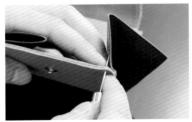

14 分别缝合零钱袋的上侧与左右边缘。上侧边缘的基准点要凿于靠近侧袋身的部位。

15 侧袋身与零钱袋的缝份上也要先于下缘外侧凿出一个基准点孔，完成后再于中央以菱斩凿出其余线孔。

名片夹上已凿出线孔的状态。

16

17 如图所示，此为上侧边缘与侧面边缘相交的部分。

18 缝合前袋身的上侧边缘。

19 缝合侧边。两端需要绕缝2次。

20 侧袋身上方也要绕缝2次再返缝2个针脚以做结尾。

21 使用木锤侧面敲打针脚，使其服帖。

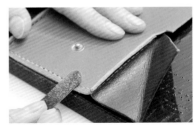

22 使用研磨片修整缝合后的侧边。

使用研磨片修整侧边后，再使用床面层处理剂与帆布做最终磨整。

23

以上便完成了零钱袋各零件的缝合作业。

24

▶ **零钱袋的最终作业**

01 磨粗零钱袋底座零件的皮面层上需与零钱袋主体贴合的部分。

02 零钱袋主体也需磨粗与底座贴合的皮面层部分。

03 零钱袋内侧也需使用研磨片磨粗与侧袋身的贴合面。

04 于底座及零件袋主体的贴合部分涂上白胶。

05 贴合底座与零钱袋主体，并用木制磨边器摩擦压紧。

06 画出缝线。

07 已画出缝线的状态。

08 因此处缝线不可露于外侧，所以要将基准点设于零钱袋内侧。

09 使用菱斩于两端基准点间凿出线孔。

10 缝合底座与零钱袋主体。返缝 2 个针脚后再开始依序缝合，尾端也需返缝 2 个针脚后再做结尾。

11 底座与零钱袋主体缝合后的状态。

12 反折零钱袋主体，以缝合侧袋身。于侧袋身与主体的贴合面涂上白胶。

13 对折主体，并贴合侧袋身与主体的贴合面。对齐位置后再以木制磨边器摩擦压紧。

14 贴合主体与侧袋身后，修整零钱袋正面左方侧袋身的侧边（照片中因主体上下颠倒，所以为右侧）并画出缝线。

15 因侧袋身部分须将缝线跨缝至外侧边缘，所以必须于底座上凿出基准点孔。

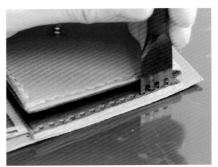

使用菱斩凿出侧袋身上的线孔。 **16**

缝合侧袋身与主体以及底座。 **17**

完成侧袋身的缝合作业后，要对缝合处的侧边进行最终磨整修饰。 **18**

如此便完成了零钱袋的作业。接下来再与皮夹主体零件缝合即可。 **19**

制作主体　将名片夹与零钱袋缝至主体里侧零件后再与表侧零件缝合。

▶ 制作主体里侧零件

01 于主体里侧零件上画出名片夹的安装线。

02 参考安装线，磨粗各部零件的贴合面。

03 已磨粗主体里侧零件贴合面的状态。

名片夹侧的贴合面也要使用研磨片磨粗。

04

05 于贴合面上涂膜白胶，完成后再对齐位置，将名片夹贴于主体上。

06 零钱袋底座上的贴合面和主体侧的贴合面也要涂上白胶。

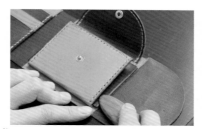

07 贴合零钱袋与主体后用木制磨边器摩擦压紧。

08 分别于名片夹及零钱袋的上方边缘（两处零件的上侧边缘并无连贯）凿出线孔。

09 零钱袋正面的右侧边缘也要凿出线孔。

10 名片夹上方边缘、零钱袋上方及右侧边缘皆已凿出独立的线孔。

确认各部位线孔。零钱袋上方边缘左侧需跨至主体侧1个针脚，右侧于转角处凿出基准点孔。

名片夹上方边缘右侧需跨至主体侧1个针脚，左侧于转角处凿出基准点孔。

名片夹右侧边缘的线孔需要凿于上方边缘的基准点孔下方，缝合时需要连续缝合。

11 缝合名片夹的上侧边缘。除了边缘处需要跨缝至外侧2次之外，其余部分皆以一般的平缝缝合即可。

POINT

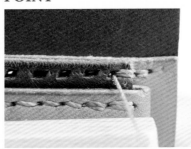

零钱袋的侧边起针处位于下方。底部边缘需要跨缝2次。

12

13 由下至上完成右侧边的缝合后，于转角处的基点改变方向，以继续缝合上方侧边。

14 尾端也要跨缝至外侧2次，并返缝2个针脚以做结尾。

15 使用研磨片修整缝合后的上方边缘侧边。缝合处的主体侧边也要进行修整。

16 下侧只要修整缝合部位之间的主体侧边即可。

17 使用研磨片修整过的侧边皆要涂抹床面处理剂，并以帆布磨整修饰。

18 以上便完成了主体里侧零件的制作。接着要与表侧零件组合后再进行修整。

► 制作主体表侧零件

于主体表侧零件上画出安装于边缘的外衬革贴合面的记号线。

01

对齐步骤 01 中画出的记号线，使用研磨片磨粗贴合面。

02

于外衬革与主体的贴合面上涂抹白胶。

03

对齐两角并将外衬革与主体贴合，完成后再用木制磨边器摩擦压紧。

04

使用研磨片磨整贴合后的侧边。

05

对齐纸型与主体零件，并标出与主体里侧零件对位用的参考记号。

06

07 于步骤 06 所标的记号间以间距规画出缝份为 3mm 宽的线条。

POINT

对上主体里侧零件的纸型，以确认凿孔位置。

08

单品制作

09 因翻盖部分需弯折贴合，因此外侧需如上图般多出数毫米长。

10 放上主体里侧的纸型，并于步骤 07 画出的缝线上钻出基准点线孔。

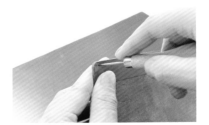

11 主体背面的左侧也要钻出基准点孔。基准点孔位于距离上方边缘 3mm、侧边 6mm 处。

12 已经凿开左右侧基准点的状态。翻盖侧的基准点非缝合外衬革用，而是缝合主体与主体里侧零件用的线孔。

13 翻至主体表侧，并视需求以研磨片磨整侧边。

14 使用间距规于基准点间画出缝份为 3mm 宽的缝线。

15 使用菱斩调整孔数与间距后再凿开线孔。第一个线孔先以双菱斩压出记号，再用圆锥钻开。

16 主体与外衬革的线孔皆已凿开的状态。正面左侧的部分会有 2 个以圆锥钻开的圆孔。

Tip 外衬革 会显露在外侧的部分上所贴的非整面衬革。

17 依序缝合主体与外衬革。与平时一样，在起针处返缝 2 个针脚后再继续缝合。

18 由底往翻盖侧依序缝合，尾端需保留 1 个线孔并返缝结尾。

19 前面也曾提及，最后一个线孔为主体表侧与里侧零件缝合用的线孔，因此此处并不加以缝合。

20 以木锤侧面敲打针脚，使其服帖。注意控制力道，以免用力过度，在皮革上留下木锤的痕迹。

21 修整缝合后的侧边。先以削边器削去侧边，再以研磨片修整形状，最后再涂上床面处理剂，并以帆布磨整。

22 下方未与里侧零件缝合的侧边也要修整。

▶缝合主体与里侧零件

01 对齐纸型上的记号，于四合扣的安装位置上凿开圆孔。公扣要安装于主体侧。

02 母扣需安装于里侧零件的翻盖上，因此必须对照纸型凿出安装孔。

03 母扣要与扁扣组合使用。使用打台（万用环状台）底部进行敲合作业。

使用四合扣打具安装母扣和公扣。

04

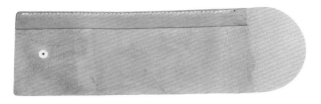 

05 主体与主体里侧零件皆已装上四合扣的状态。确认四合扣的安装方向是否有误。

使用研磨片磨粗贴合部分的贴合面。

06

07 已磨粗贴合面的状态。翻盖部分因没有磨整过，所以无须磨粗。

08 于中央至名片夹的贴合面上涂抹白胶。两侧皆需涂抹。

09 对齐边角，贴合主体与里侧零件中的名片夹部分。

10 贴合主体与里侧零件后，以研磨片修整贴合后的侧边。

POINT

11 于主体里侧零件的缝合边上画出缝份为 3mm 宽的缝线。以此缝线为基准，于零件的重叠部分上凿出缝合用的基准点。

12 使用菱斩压出线孔记号。转角部分用双菱斩标示记号，再以单菱斩凿孔，便可以做出漂亮的线孔。

名片夹的段差部分也要以圆锥钻出基准点孔。

13

步骤 13 钻开的基准点孔的模样。接着依照此基准点孔调整线孔的间距。

14

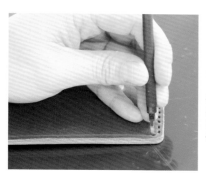

使用菱斩凿开线孔。步骤 02 中也曾提过，转角处要使用单菱斩凿孔。

15

16 名片夹侧的线孔已经凿开的状态。留意基准点孔及转角部分，便能凿出漂亮的线孔。

缝合主体与里侧零件的名片夹部分。尾端要返缝 2 个针脚，再做结尾动作。

17

POINT

18 接着贴合零钱袋的部分。翻盖部分要考虑到使用时的开合功能，所以只可于外侧涂上白胶，以避免将中央部分贴合。

POINT

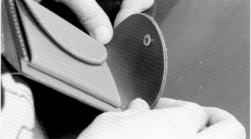

贴合主体与里侧零件的零钱袋部分。翻盖部分要弯折贴合，并对齐边缘。

19

于零钱袋底座的边缘以圆锥钻出基准点孔。

20

21 基准点孔需凿于零钱袋底座下缘的两侧。接下来缝合此段零钱袋的边缘以及翻盖的边缘。

翻袋边缘呈圆弧状，因此要使用双菱斩凿孔。

22

缝合主体与外衬革时所留下的线孔，即为翻盖部分的最终线孔。

23

起针处先返缝2个针脚，并于第一个线孔（凿于主体侧的线孔）处绕缝2次。

24

由里侧观察步骤24作业的样子。段差部分皆要绕缝2次。

25

依序缝合翻盖边缘。缝至零钱袋部分时，要在底座上绕缝2次。

26

缝至尾端后，需要绕缝2次，并返缝2个针脚。

27

将缝线打结收尾后，须使用木锤侧面敲打针脚以使其服帖。

28

修整缝合后的侧边。首先以削边器及研磨片修整侧边形状。

29

完成侧边形状的修整后，以棉花棒于侧边上涂抹床面处理剂。

30

最后使用帆布或木制磨边器对侧边做最后的磨整修饰即可。

31

全部侧边皆已完成磨整。确认皮夹是否可正常打开，折叠时是否能用四合扣确实固定等，若使用正常，便大功告成了。

32

托特包的制作方法

最后为大家介绍一款兼具手提及肩背功能的简易托特包。此款托特包尺寸适中，容量充足，可轻松放入 A4 大小的文件资料。整包采用手工缝制，开口做反折处理并用固定扣固定。此处固定扣同时也具有安装左右两侧 D 字环以及补强提把下方绳带的作用。在 D 字环上加装背带后，便可将此包当作肩包使用。另外，根据零件性质灵活运用 2 种不同的皮料为此包的亮点之一。主体使用的皮料为原厚的 Barchetta 牛革，而提把表革与绳带、固定 D 字环的皮料采用的为 2.5 mm 厚的马鞍皮，如此便在强度与质感上取得了平衡。乍看之下似乎很难制作，但因整体构造已经过简化，所以初学者也应该可以完成。制作中需使用大量的床面处理剂与黏合剂，所以要事先准备足够的分量。

设计·制作 小林一敬

■ 使用材料

- Barchetta 牛革（原厚）
- 马鞍革（2.5mm 厚）
- ST 扣具
- 固定扣大 ×8
- 固定扣中 ×4
- 固定扣小 ×4
- 方形环 25mm×4
- D 字环 21mm×4
- 拉链 50cm（驼色）

■ 使用工具

- 纯手工皮革工艺套装（基本款）
- 裁皮刀
- DIABOND 强力胶
- 量尺
- 菱斩（十菱）
- 银笔
- 玻璃板
- 上胶片（大）
- 侧边磨整帆布
- 木制磨边器（樱丸）
- 间距规
- 固定扣打具（小、中、大）
- 万用环状台
- 圆斩（8 号、10 号、12 号、60 号）

作品重点

开口处加装拉链。因拉链长度长，所以安装时需留意位置是否笔直。提把背面使用 Barchetta 牛革中纤维较松散的部分作为衬垫。

因底部与主体为分开的零件，所以可做出立体形状。袋身上绳带兼具补强与装饰作用，安装时需要沿着袋身及底部绕一圈，再与提把连接。

固定开口与带绳用的固定扣能同时固定内口袋。因此款托特包并无内衬，所以要先使用床面处理器磨整 Barchetta 牛革的肉面层。

前袋身与后袋身的边缘于侧面缝合以构成侧包身。此处不采取内缝方式缝合，特意展露出针脚可强调手缝感，同时也可抑制底部角重叠所产生的厚重感。

裁取零件　按照纸型裁出零件，并转描全部记号。

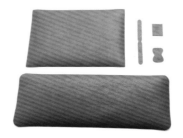

左侧的2片袋身零件在裁取时为相同形状，并无区别，因此需要决定前后袋身。口袋与包底，以及其他小零件也要按照纸型正确地裁出。

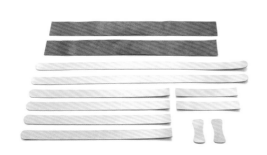

提把和带绳须使用较结实的马鞍革，只有提把内侧使用 Barchetta 牛革。提把内侧的 Barchetta 牛革特意选用接近腹部、纤维较松散的部分，以做出衬垫的效果。按照需要准备相应的金属配件以及拉链。

各部零件的前置作业　磨整肉面层与侧边，并完成凿孔、部分削薄等作业。

▶磨整肉面层与侧边

除了"提把里革"之外，其于零件皆须磨整肉面层。因需使用大量的床面处理剂，所以必须准备充足的分量。
01

马鞍革材质的零件皆需磨整侧边。Barchetta 牛革材质的零件则只需处理左下栏中标示的部分。因 Barchetta 牛革质地柔软，所以不用进行削边作业，只需使用研磨片便可修整边角形状。最后，全部零件皆要以帆布打磨抛光。
02

☑ CHECK
须处理侧边的部分

| 前袋身 | 后袋身 | 口袋 |

拉链补强革　　内D字环　　　　　拉头绳

磨整"前袋身"的上侧边及左右侧边，"后袋身"的上侧边，"口袋"的下侧边，"拉链补强革""内D字环""拉链头"的全部侧边。

▶凿孔

使用圆锥将纸型上的孔位转标至皮革上。作业时要贯穿记号点中心，以免孔位偏离。
03

使用纸型上规定尺寸的圆斩于指定位置上凿出圆孔。

04

POINT

60 号圆斩较难以目测对齐记号点。因为 60 号圆斩的直径为 18mm，所以可将间距规设为 9mm 宽，以圆规画圆的方式画出圆孔线条后再凿孔。

05

▶部分削薄

06 包底与包身的绳带带头要先斜向削薄。先用圆锥贯穿手缝基准点至肉面层，接着由基准点内侧向绳头削薄，削至厚度接近 0 即可。

包底绳带须两端削薄，包身绳带则只需削薄一端。如图所示，将缝份处削薄便可抑制重叠部分的厚度。

07

完成各部零件　安装包身与包底的绳带，并完成提把与口袋。

▶安装绳带零件

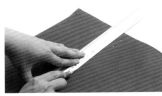 

01 使用圆锥连接包身纸型上的记号点，画出贴合包身绳袋的范围框线。开口部分的内折线以上不用画线。

贴合包身绳袋的范围内要使用研磨片磨粗，以做贴合的准备。

02

03 使用圆锥钻出包身绳袋上侧（绳头为圆弧侧）的手缝基准点。接着磨粗该基准点下方的部分，以做贴合的准备。

于贴合面上涂抹 DIABOND 强力胶。涂抹范围为包身零件在步骤 **02** 时磨粗的部分。若涂至范围外，会显得特别醒目，因此要多加留意。

04

POINT

 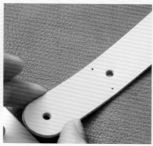 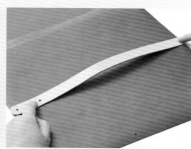

贴合包身绳袋时先将下端贴齐包身下缘，对齐记号孔的位置后再贴合。若只先对齐一侧，顺势贴合，便会容易贴歪。

05

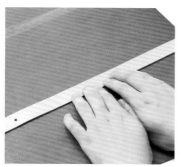

贴合两端后再将绳袋中央均匀地贴上。

06

07 用间距规于绳袋的上下侧手缝基准点间画出缝线。缝线至侧边边缘的宽度为 3mm。完成后再于缝线上凿开线孔。

自上端开始敲打，敲至左图中的位置后先于下端的基准点处敲出一组线孔，调整剩余线孔的间距。因此处为重叠部分，所以要采取此方式以避免线孔间距过挤。

08

09 因手缝基准点尚未贯穿至包身零件，所以必须先用圆锥贯穿后再开始缝制。缝合按照返缝后再依序平缝的方式即可。

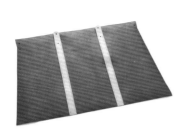

绳带左右两侧各有一道针脚，前后袋身共需缝合 8 条缝线。

10

11 包底零件上也要以相同的方式安装上绳带。贴合时先贴齐两端，再自中央贴合。底部共需缝合 4 条缝线。

▶制作提把

弯折后要进行加压，
完成后要磨整两端
侧边。

12 于提把里侧零件的整面肉面层上涂上 DIABOND 强力胶。接着将两
侧侧边往中央对折做出三折状。两侧边要密合贴齐。

13

14 于距两端各 12mm 处，凿出纸型上指定的圆孔。该圆孔会
刚好与提把上第二个圆孔对齐。

15 以步骤 14 右图中的状态，直接将提把里侧绳头的位置线标
于提把侧。于两端标出里侧零件的绳头位置，便能得出贴合
范围。确定范围后，便可连同里侧零件一起磨粗，并涂上
DIABOND 强力胶。

于手缝基准点间
画出 3mm 宽的缝
线，凿开线孔后便
可进行缝合。

16 首先对准并贴合两端的圆孔，接着再将中央仔细地慢慢贴合。自正面
看去，两端突出的宽度相等即可。

17

▶制作拉链

18 缝合 4 条缝线后便完成了。步骤
15 要注意，不可磨得太靠近两侧边
缘，以免缝合后会看得到磨粗面。

19 拉链上耳（闭合时的拉头侧）先以
折成三角的方式处理。

20 "拉链补强革"已按照纸型指定的位
置凿出圆孔。此处需要在一侧肉面
层上涂抹 DIABOND 强力胶。

21 对齐拉链补强革与拉链尾端的金属构造后贴合（左图）。因布带上无凿孔，所以要对准皮革上的圆孔，再次敲入圆斩。

22 于补强革的整面肉面层上（含布带）涂抹 DIABOND 强力胶。自补强革中央对折，对齐圆孔位置后贴合。仔细加压，使其黏紧。

▶于拉头上安装拉头绳

23 将拉头绳穿过拉头上的圆孔，接着磨粗肉面层并贴合。若磨至边缘会露出磨粗面，因此只需磨粗中央部分即可。

24 于中央缝上一条缝线后便安装完成。拉头绳的形状可根据个人喜好自由设计。

▶制作口袋

25 用圆锥贯穿纸型上标注于中央附近的手缝基准点至肉面层，并画出连接上下的记号线。以该线为中心往两侧各磨粗 0.5cm 宽的距离，以做出贴合面。

26 沿着弯折线对折口袋时，须将两侧与中央磨粗的部分的下缘对准上侧的基准点。

POINT

27 涂上 DIABOND 强力胶并贴合，加压使其黏紧。不可过度压扁折痕，应使其膨起，以做出立体感。

28 磨整修饰两侧侧边。

29 于基准点间凿出线孔，缝合 3 条缝线后便完成。注意不可弄错事前已经完成磨整的侧边方向。

组合各零件以制成托特包

缝合已完成的各零件以制成托特包。

▶ 安装拉链至袋身

  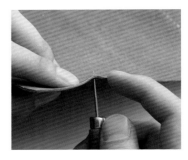

01 以前袋身在左、后袋身在右的状态，对齐拉链上端及"拉链缝合尾端"的位置，完成后再于布带上标出另一侧的缝合尾端位置。

02 包身上的"拉链缝合尾端"位置要以圆锥钻至肉面层以便辨识。

POINT

03 将间距规调整为 8mm 宽，并于两侧缝合尾端内的范围里画出缝线，接着再将该范围磨粗，以做成贴合面。完成后要于 8mm 宽的贴合面上涂抹 DIABOND 强力胶。

04 拉链两侧也要以织纹为参考点，涂上 8mm 宽的 DIABOND 强力胶。注意不可涂至步骤 **01** 记号的外侧。

05 对齐拉链上端及缝合尾端的位置。首先贴合上端。

06 将拉链置于下侧并笔直地贴合。因在前面步骤中已标上记号，所以另侧的缝合尾端位置应该也会正确。

  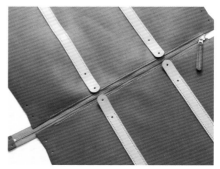

07 使用间距规于缝合尾端位置内画出 3mm 宽的缝线，接着凿出线孔并缝合。

08 两侧包身已与拉链缝合。注意不可弄错组装方向，左图上方为前袋身，下方为后袋身。

▶缝合袋身左右两侧做出筒状

09 后袋身下方两角处，将顶角斜向削薄成三角形（两直角边皆为15mm），如此便能稍微抑制厚度。前袋身若进行削薄会太过明显，所以不进行此作业。

10 将间距规调整为8mm宽，并于两片包身的两侧画出贴合范围。注意前袋身的贴合面为肉面层，后袋身为皮面层。

11 磨粗贴合范围并涂上DIABOND强力胶。

12 先将反折线处向内凹的部分对准贴合范围贴合。完成后，先稍稍折成立体状，再黏合上端的贴合范围。

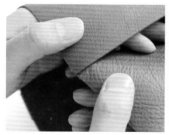

13 接着黏合下端的贴合范围。翻至背面仔细黏合中间部分，贴出笔直的线条。

14 另一侧也要以相同方式贴合。此处作业可能稍微困难，但只要仔细地贴合，便能形成漂亮的桶状。

15 由上至下，以间距规画出缝份为3mm宽的缝线。下方10mm不用进行缝合，所以需要先用量尺测量，并做出基准点记号。

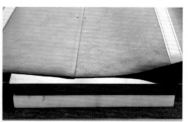

16 凿开线孔，保留下方10mm的部分。只要在圆筒中垫入橡胶板和大理石等便可凿开线孔。

单品制作

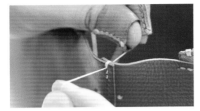

17 返缝至上端后将缝线于外侧绕缝 2 次以做补强。其余部分使用普通的缝合方式缝合即可。

18 至此袋身两侧便缝合完成了。同时自背面确认针脚有无错误。

▶安装包底零件

19 将缝成筒状的包身翻至内侧。

20 以间距规于包身开口处及包底边缘各画出一圈 5mm 宽的缝线，此范围即为贴合范围。

21 将步骤 20 中标出的贴合范围磨粗并涂上 DIABOND 强力胶。

22 慢慢贴合以免位置偏离。首先贴齐两侧的绳带处，接着再慢慢对齐侧边并贴合。

23 对齐包底中央记号与包身针脚的位置并贴合。

POINT

24 贴合剩下的曲线部分。完全对齐侧边并贴合后，将包身零件边缘稍微弯曲，撑平包底零件。以此方式贴合，便可加强整体的平衡感。

确实压紧包底的贴合面。完成后以间距规沿着周边拉出缝份为 5 mm 的缝线。

25

26 凿出线孔。为了避免切到绳带及包身缝线的边缘，作业时要先于此两处凿孔，并当作基准点。

四角的圆弧部分须使用双菱斩小心地凿开线孔。

27

前袋身

后袋身

28 因缝合距离较长，所以在起针前要决定接线点。自侧边的接线点开始缝合，缝至对侧接线点处再接上新缝线即可。最初与最后的针脚会呈现重叠的状态。

29 跨缝绳带边缘时要绕缝 2 次。包身缝线处需要返缝 3 个针脚结尾，待接上新线后再继续缝合。

30 缝完一周后便完成了包底的安装作业。

▶ **安装方型环至提把**

将准备好的 25mm 宽方形环穿过提把绳头，接着将大型固定扣穿过圆孔，并敲合固定。

31

如步骤 31，固定双面固定扣时，只要使用万用环状台平坦的底面，便可敲扁面盖。提把里侧的固定扣也要敲扁。

32

▶反折开口部分并完成包身

33 于内口袋圆孔与后袋身上的小圆孔周围涂上 DIABOND 强力胶并贴合。

34 翻正包身，将正面翻至外侧。先压入包底四角，接着再慢慢翻出，以免伤及皮革。最后将包底的四角确实压出，并整理包底形状即可。

35 于包身上所有圆孔的周围涂上 DIABOND 强力胶，接着在孔位全都正确无误的状态下将开口反折。圆孔周围要确实压紧。

POINT

此处用目视便可大致对齐圆孔的中心点。

36

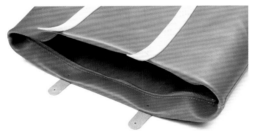

37 将全部圆孔的周围贴合后，先稍微整理开口处的形状。

38 安装两侧的 D 字环。将 D 字环穿入皮革零件，并对齐圆孔位置，再以 DIABOND 强力胶暂时固定。最后用中型固定扣固定即可。

39 内 D 字环为多功能钩环。将 D 字环穿过皮革零件后贴合，接着凿开安装孔，贴至包身内侧的拉链头侧侧边，做暂时固定。

拉链补强革要对准包身内侧的圆孔，做暂时固定。

40

41 使用小型固定扣固定内 D 字环与拉链补强革。自包身外侧看去，像是有 2 个并排的装饰用固定扣。内 D 字环除了有实用目的之外，也兼具设计上左右对称的功能。

42 于包身绳带及包身圆孔周围涂上 DIABOND 强力胶，接着将绳头穿过提把的方形环，再与包身贴合。要确实对准安装固定扣用的圆孔位置。

43 为了以防万一，要先确认提把正反面无误且没有扭转的情况后，再使用大固定扣固定。

完成全部的固定后，要再次整理包口的形状。

44

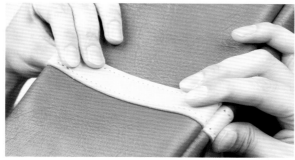

45 最后整理包底四角与边缘等的形状后，便完成了托特包的制作。

Craft 社

　　购买皮革工艺工具及皮料等建议去专卖店。位于日本 JR 荻洼站附近的 Craft 社为老字号的专业皮革工艺品制造厂商和专卖店。店内皮料以牛皮为主，亦有售卖其他各类皮料。工具类则以 Craft 社制品为主，同时也经手 Tandy 社及 Barry King 社的制品。另外，Craft 社的金属配件、染料、皮革工艺套装等的种类与库存量相当丰富，可供消费者自由选择。店内人员皆精通皮革工艺的制作，可放心与店员们讨论任何有关皮革工艺方面的问题，因此是一间值得信赖的皮革专卖店。

Shop Data

Craft 社　荻洼店

日本东京都杉井区荻洼 5-16-15
电话：03-3393-2229　传真：03-3393-2228
营业时间：11:00~19:00
　　　　　（第 2 周、第 4 周的星期六 10:00~18:00）
休息时间：第 1 周、第 3 周、第 5 周的星期六、星期日、
　　　　　法定假日
网址：http://www.craftsha.co.jp

东京都地铁荻洼站西口（南侧）徒步 2 分钟即可到达。

皮料种类丰富，工具类的库存量为东京都第一。每月定期上市的新制品也非常值得关注。欲购买的皮料若无存货，可预约订购。欢迎向店内人员询问。

想学习皮革工艺，就选 Craft 学园！

协助本书监修的 Craft 学园为 Craft 社所运营的皮革工艺学校。学园内的讲师会根据每位学员的程度，细心地进行个别指导。与纯粹将皮革工艺当作兴趣学习的学员以及以专业人士为目标的学员进行交流，也是 Craft 学园的魅力之一。另外，学园也有夜间课程及网络讲座，可根据个人时间选择学习。

为了追求自己想制作的物品以及想学会的技术，很多人都会来学园听讲。讲师们皆为皮革工艺老手，他们细心的指导也受到了学员们的认可与好评。

Craft学园 讲座向导

讲座	开讲日	班级	期间	时间	课时费（日元）1个月	课时费（日元）3个月	讲师
手工皮革·讲师养成讲座·手工缝纫讲座·印花讲座	周二 每月2次（4单元）	基础班	1年	10:00～16:00	8 300	23 900	青木幸夫 小屋敷清一
		高等班	1年		9 300	26 900	
		研究班	1年		10 300	29 900	
	周四 每月2次（4单元）	基础班	1年		8 300	23 900	青木幸夫
		高等班	1年		9 300	26 900	
		研究班	1年		10 300	29 900	
	周五 每月2次（4单元）	基础班	1年		8 300	23 900	丰田兰子
		高等班	1年		9 300	26 900	
		研究班	1年		10 300	29 900	彦坂和子
	周四（夜间）每月2次（4单元）	基础班	1年	18:00～20:30	8 300	23 900	小屋敷清一
		高等班	1年		9 300	26 900	
		研究班	1年		10 300	29 900	
·印花讲座·手工缝纫讲座	周二（夜间）每月2次（4单元）		1年	18:00～20:30	4 500	13 000	小屋敷清一
皮革染色讲座	周一 每月第2周和第4周	基础班	1年	10:00～16:00	8 300	23 900	加藤广美 山田淑
		高等班	1年		9 300	26 900	
		研究班	1年		10 300	29 900	
手工制作皮革手提包讲座	周六 每月第2周和第4周			13:00～16:00	票券制4次/12 600		小林一敬

■网络讲座 基础 A 课程课时费、材料费 38 000 日元，期间 5 个月；基础 B 课程课时费、材料费 48 000 日元，期间 8 个月
■网络讲座 FOR BIKERS Volume1 课时费、材料费 45 000 日元，期间 1 年

School Data

Craft 学园

日本东京都杉并区荻洼 5-16-21
电话: 03-3393-5599
传真: 03-3393-2228
网址: http://www.craft-gakuen.net

著作权合同登记号：豫著许可备字-2015-A-00000256

Reza Kurafuto Gihou Jiten Kanzemban

Copyright© STUDIO TAC CREATIVE 2012

All rights reserved.

First original Japanese edition published by STUDIO TAC CREATIVE CO., LTD.

Chinese (in simplified character only) translation rights arranged with STUDIO TAC CREATIVE CO., LTD., Japan.

through CREEK & RIVER Co., Ltd. and CREEK & RIVER SHANGHAI Co., Ltd.

 Photographer：梶原崇　小峰秀世　坂本贵氏　关根统　二见勇治

图书在版编目（CIP）数据

皮艺技法全书 / 日本STUDIO TAC CREATIVE 编辑部编；刘好殊译.
—郑州：中原农民出版社，2017.1（2024.8 重印）
　ISBN　978-7-5542-1407-7

Ⅰ.①皮… Ⅱ.①日… ②刘… Ⅲ.①皮革制品—手工艺品 Ⅳ.①TS973.5

中国版本图书馆CIP数据核字（2016）第320108号

出版：中原出版传媒集团　中原农民出版社

地址：郑州市郑东新区祥盛街27号7层

邮编：450016

电话：0371-65788013

印刷：河南新达彩印有限公司

成品尺寸：202mm×257mm

印张：14

字数：224千字

版次：2017年3月第1版

印次：2024年8月第5次印刷

定价：68.00元